세상에서 가장 쉬운 과학 수업

특수상대성이론

세상에서 가장 쉬운 과학 수업

특수상대성이론

ⓒ 정완상, 2023

초판 1쇄 발행 2023년 7월 17일
초판 2쇄 발행 2024년 9월 10일

지은이 정완상
펴낸이 이성림
펴낸곳 성림북스

책임편집 최윤정
디자인 쏘울기획

출판등록 2014년 9월 3일 제25100-2014-000054호
주소 서울시 은평구 연서로3길 12-8, 502
대표전화 02-356-5762
팩스 02-356-5769
이메일 sunglimonebooks@naver.com

ISBN 979-11-88762-94-1 03400

노벨상 수상자들의 **오리지널 논문**으로 배우는 과학

세상에서 가장 쉬운 과학 수업

특수상대성이론

정완상 지음

갈릴레이의 고전역학에서 아인슈타인의 특수상대성이론까지
문과생도 쉽게 이해할 수 있는 특수상대성이론 일대일 수업!

노벨상 수상
논문 영문본
수록

일대일
친절한
과학 수업

시민
과학 시대
필독서

세계 최초
오리지널 논문을
다루는 책

전국
과학교사모임
추천

 성림원북스

CONTENTS

첫 번째 만남

아인슈타인 이전의 물리학 / 025

여섯 번째 만남 ────────────────────────────────○

논문 속으로 2부 / 241

만남에 덧붙여 / 263

과학을 처음 공부할 때 이런 책이 있었다면 얼마나 좋았을까

남순건(경희대학교 이과대학 물리학과 교수 및 전 부총장)

21세기를 20여 년 지낸 이 시점에서 세상은 또 엄청난 변화를 맞이하리라는 생각이 듭니다. 100년 전 찾아왔던 양자역학은 반도체, 레이저 등을 위시하여 나노의 세계를 인간이 이해하도록 하였고, 120년 전 아인슈타인에 의해 밝혀진 시간과 공간의 원리인 상대성이론은 이 광대한 우주가 어떤 모습으로 만들어져 왔고 앞으로 어떻게 진화할 것인가를 알게 해주었습니다. 게다가 우리가 사용하는 모든 에너지의 근원인 태양에너지를 핵융합을 통해 지구상에서 구현하려는 노력도 상대론에서 나오는 그 유명한 질량−에너지 공식이 있기에 조만간 성과가 있을 것이라 기대하게 되었습니다.

앞으로 올 22세기에는 어떤 세상이 될지 매우 궁금합니다. 특히 인공지능의 한계가 과연 무엇일지, 또한 생로병사와 관련된 생명의 신비가 밝혀져 인간 사회를 어떻게 바꿀지, 우주에서는 어떤 신비로움이 기다리고 있는지, 우리는 불확실성이 가득한 미래를 향해 달려가고 있습니다. 이러한 불확실한 미래를 들여다보는 유리구슬의 역할을 하는 것이 바로 과학적 원리들입니다.

지난 백여 년 간의 과학에서의 엄청난 발전들은 세상의 원리를 꿰뚫어 보았던 과학자들의 통찰을 통해 우리에게 알려졌습니다. 이런 과학 발전의 영웅들의 생생한 숨결을 직접 느끼려면 그들이 썼던 논문들을 경험해 보는 것이 좋습니다. 그런데 어느 순간 일반인과 과학을 배우는 학생들은 물론 그 분야에서 연구를 하는 과학자들마저 이런 숨결을 직접 경험하지 못하고 이를 소화해서 정리해 놓은 교과서나 서적들을 통해서만 접하고 있습니다. 창의적인 생각의 흐름을 직접 접하는 것은 그런 생각을 했던 과학자들의 어깨 위에서 더 멀리 바라보고 새로운 발견을 하고자 하는 사람들에게 매우 중요합니다.

　저자인 정완상 교수가 새로운 시도로서 이러한 숨결을 우리에게 전해주려 한다고 하여 그의 30년 지기인 저는 매우 기뻤습니다. 그는 대학원생 때부터 당시 혁명기를 지나면서 폭발적인 발전을 하고 있던 끈 이론을 위시한 이론 물리 분야에서 가장 많은 논문을 썼던 사람입니다. 그리고 그러한 에너지가 일반인들과 과학도들을 위한 그의 수많은 서적들을 통해 이미 잘 알려져 있습니다. 저자는 이번에 아주 새로운 시도를 하고 있고 이는 어쩌면 우리에게 꼭 필요했던 것일 수 있습니다. 대화체로 과학의 역사와 배경을 매우 재미있게 설명하고, 그 배경 뒤에 나왔던 과학의 영웅들의 오리지널 논문들을 풀어간 것입니다. 과학사를 들려주는 책들은 많이 있으나 이처럼 일반인과 과학도의 입장에서 질문하고 이해하는 생각의 흐름을 따라 설명한 책은 없습니다. 게다가 이런 준비를 마친 후에 아인슈타인 등의 영웅들의 논문을 원래의 방식과 표기를 통해 설명하는 부분은 오랫동안 과학을 연구해온 과학자에게도 도움을 줍니다.

이 책을 읽는 독자들은 복 받은 분들일 것이 분명합니다. 제가 과학을 처음 공부할 때 이런 책이 있었다면 얼마나 좋았을까 하는 생각이 듭니다. 정완상 교수는 이제 새로운 형태의 시리즈를 시작하고 있습니다. 독보적인 필력과 독자에게 다가가는 그의 친밀성이 이 시리즈를 통해 재미있고 유익한 과학으로 전해지길 바랍니다. 그리하여 과학을 멀리하는 21세기의 한국인들에게 과학에 대한 붐이 일기를 기대합니다. 22세기를 준비해야 하는 우리에게는 이런 붐이 꼭 있어야 하기 때문입니다.

이 책 한 권에 특수상대성이론 탄생 과정의 방대한 물리학 지식을 담아내다

전국과학교사모임

〈노벨상 수상자들의 오리지널 논문으로 배우는 과학 시리즈〉는 물리학의 지식 형성 과정과 수식 이해를 통해 천재 과학자의 논문을 이해할 수 있는 기회를 제공하여 줘서 너무 좋습니다.

노벨 물리학상은 노벨의 유언에 따라 '물리학 분야에서 가장 중요한 발견이나 발명을 한 사람'에게 수여합니다. 따라서 노벨상 수상자는 인류의 주요 과제를 해결하는 데 도움을 주는 연구 또는 기술적 업적으로 많은 기여를 한 분들이지요. 노벨 물리학상 수상자를 보면 다른 노벨상과는 달리 가족 수상자가 많다고 합니다. 우리나라가 노벨 물리학상 수상자를 배출하기 위해서는 노벨상을 받아온 인물들과 업적에 대한 이해 확산이 뒷받침되어야 한다고 생각합니다.

저는 일반계 고등학교 물리 교사입니다. 물리 과목을 선택한 학생들과 함께 현대 물리학에 대한 심화학습 활동으로 노벨상 홈페이지(NobelPrize.org)에서 1901년 수상자인 뢴트겐으로부터 현재 여러 과학자들에 이르기까지 그분들의 업적과 학문에 대한 기여, 노벨상

수상 소감 등을 찾아본 경험이 있습니다. 더 나아가 노벨 물리학상을 수상한 과학자가 수행했던 실험 중 학생들과 직접 할 수 있는 실험들을 찾아 해 보기도 했습니다. 한 차시 실험 수업을 준비하기 위해 많은 시간을 할애하여 수업 자료를 만들었던 기억이 납니다. 그러던 중에 성림원북스에서 발간하는 〈노벨상 수상자들의 오리지널 논문으로 배우는 과학 시리즈〉를 접하게 되었습니다.

《세상에서 가장 쉬운 과학 수업 특수상대성이론》이 책 한 권으로 특수상대성이론이 나오기까지의 방대한 물리학 지식 형성 과정을 상세히 접할 수 있었습니다. 특히 고등학교에서 역학과 전자기학 및 파동에 대한 지식을 접하고 현대 물리에 관심이 높은 학생들, 학생들에게 현대 물리를 의미 있게 가르치고 싶은 물리 선생님, 대학교에서 물리를 공부하는 대학생들과 현대 물리에 관심이 있는데 수학을 몰라서 주저했던 일반인들에게 이 책을 추천하고 싶습니다.

이 책의 저자는 '교재는 어디까지나 참고이며 그것이 모두 진실이 아닐 수도 있고, 만일 그동안의 물리법칙에 의심이 가면 과감하게 도전하라'고 말합니다. 기초과학에 대한 모든 지식이 진실이 아닐지라도 기초과학의 지식 형성 과정을 통해 우리는 새로운 과학 지식을 발견할 수 있습니다.

특수상대성이론이라고 알려진 아인슈타인의 1905년 논문에는 많은 수식이 있습니다. 책에 쓰여 있는 수식을 이해하기 어렵다는 이유로 외면하다 보면 과학 지식의 언어인 수식을 잃어버리게 됩니다. 저자는 특수상대성이론을 접하기 전에 과감히 역학부터 맥스웰 방정식까지의 수식을 접할 수 있도록 책에 기술하였습니다. 어렵다고 언제까지 피해야만 하나요? 이러한 시도를 볼 때 물리 교사로서 너무나 통쾌함을 느낍니다. 저자가 전개하는 아인슈타인 이전 여러 과학자들의 이야기와 수식에 대한 해설을 보면서 아인슈타인의 논문에 대한 이해를 경험해 보시기를 바랍니다. 여러분도 이 책이 인도하는 깨달음의 기쁨을 느끼시길 기대합니다.

천재 과학자들의 오리지널 논문을 이해하게 되길 바라며

　사람들은 과학 특히 물리학 하면 너무 어렵다고 생각하지요. 제가 외국인들을 만나서 얘기할 때마다 신선하게 느끼는 점이 있습니다. 그들은 고등학교까지 과학을 너무 재미있게 배웠다고 하더군요. 그래서인지 과학에 대해 상당히 많이 알고 있는 사람들이 많았습니다. 그 덕분에 노벨 과학상도 많이 나오는 게 아닐까 생각해요. 우리나라는 노벨 과학상 수상자가 한 명도 없습니다. 이제 청소년과 일반 독자의 과학 수준을 높여 노벨 과학상 수상자가 매년 나오는 나라가 되게 하고 싶다는 게 제 소망입니다.

　그동안 양자역학과 상대성이론에 관한 책은 전 세계적으로 헤아릴 수 없을 정도로 많이 나왔고 앞으로도 계속 나오겠지요. 대부분의 책들은 수식을 피하고 관련된 역사 이야기들 중심으로 쓰여 있어요. 제가 보기에는 독자들을 고려하여 수식을 너무 배제하는 것 같았습니다. 저는 독자들의 수준도 많이 높아졌으니 수식을 피하지 말고 천재 과학자들의 오리지널 논문을 이해하게 되길 바랐습니다. 그래서 앞으로 도래할 양자(퀀텀)의 시대와 상대성 우주의 시대를 멋지게 맞이하리라는 생각에서 이 기획을 하게 된 것입니다.

이 책을 쓰기 위해 논문을 읽고 또 읽으면서 어떻게 이 어려운 논문을 독자들에게 알기 쉽게 설명할까 고민했습니다. 여기서 제가 설정한 독자는 고등학교 정도의 수식을 이해하는 청소년과 일반 독자입니다. 물론 이 시리즈의 논문에 그 수준을 넘어서는 내용도 나오지만 고등학교 수학만 알면 이해할 수 있도록 설명했습니다. 이 책을 읽으며 천재 과학자들의 오리지널 논문을 얼마나 이해할지는 독자들에 따라 다를 거라 생각합니다. 책을 다 읽고 100% 혹은 70%를 이해하거나 30% 미만으로 이해하는 독자도 있을 것입니다. 저의 생각으로는 이 책의 30% 이상 이해한다면 그 사람은 대단하다고 봅니다.

아인슈타인의 수많은 위대한 논문 중에서 특수상대성이론과 일반상대성이론이 가장 유명합니다. 이 책에서는 특수상대성이론의 첫 번째 논문(1905년)을 다루었습니다. 일반상대성이론은 다음 기회에 다루고자 합니다.

논문은 두 부분으로 이루어져 있습니다. 1부에서는 고전역학으로부터 특수상대성이론이 나오는 과정을 다룹니다. 여기서 아인슈타인은 광속도 불변의 원리를 통해 움직이는 관찰자와 정지한 관찰자의 시계가 다르게 흐른다는 가정을 했고, 광속을 이용해 두 시계를 맞추는 방법을 알아냈습니다. 이를 통해 그는 갈릴레이의 속도 덧셈 규칙을 깨는 새로운 속도 덧셈 규칙을 찾아냈습니다. 논문 1부의 이해를 돕고자 이 책의 첫 번째 만남에서 갈릴레이와 뉴턴 역학을 역사적으로 다루었고, 두 번째 만남에서는 광속을 측정한 사람들과 에테르를 믿었던 과학자들의 이야기를 하였습니다. 이를 통해 세 번째 만남에서 아인슈타인의 논문 1부를 강의하였습니다. 논문 2부에서는 전기와 자기를 묘사하는 맥스웰 방정식과 특수상대성이론과의 관계 및 질량-에너지 관계를 다루고 있습니다. 이것을 위해 네 번째 만남에서 전자기학의 역사, 다섯 번째 만남에서 맥스웰 방정식 및 파동의 성질을 논의했습니다. 이를 토대로 여섯 번째 만남에서 논문 2부를 강의하였습니다.

이 시리즈는 많은 사람들에게 도움을 줄 수 있다고 생각합니다. 과학자가 꿈인 학생과 그의 부모, 어릴 때부터 수학과 과학을 사랑했던 어른, 양자역학과 상대성원리를 좀 더 알고 싶은 사람, 아이들에게 위대한 논문을 소개하려는 과학 선생님, 반도체나 양자 암호 시스템, 우주 항공 계통 등의 일에 종사하는 직장인, 〈인터스텔라〉를 능가하는 SF 영화를 만들고 싶어 하는 영화 제작자나 웹툰 작가 등 많은 사람들에게 이 시리즈를 추천하고 싶습니다.

진주에서 정완상 교수

드디어 시간이 움직이다!_호킹 박사 깜짝 인터뷰

노력이 만든 천재 아인슈타인

기자　오늘은 아인슈타인의 1905년 특수상대성이론 논문에 관해 세계적인 석학 스티븐 호킹 박사와의 인터뷰를 진행하겠습니다. 호킹 박사님, 나와 주셔서 감사합니다.

호킹　제가 제일 존경하는 과학자 아인슈타인의 논문에 관한 내용이라 만사를 제치고 달려왔습니다.

기자　아인슈타인은 과학계에서 천재라고 불리는데 그 이유는 무엇인가요?

호킹　세계적인 이론물리학자들이 그렇듯 아인슈타인도 엄청난 노력파입니다. 그가 쓴 논문들은 방대한 양의 수학 계산을 필요로 합니다. 특히 특수상대성이론 논문 이후에 쓴 일반상대성이론 논문은 계산 과정에 십여 년이 소요될 정도니까요. 천재의 정의에 대해 에디슨의 명언이 떠오르는군요.

"천재는 1%의 영감과 99%의 노력으로 만들어진다."

－ 에디슨

아인슈타인의 1%의 영감은 고등학교 시절 '빛의 속력으로 날아가면서 거울을 보면 거울에 내가 보일까, 안 보일까?' 하는 궁금증에서 시작됩니다. 아인슈타인은 이 고민을 머릿속에 담은 채 관련된 물리학 공부를 하기 위해 스위스연방 공과대학 수학물리교육학과에 다녔습니다. 그리고 졸업 후 특허국에서 공무원으로 일하면서 이 문제를 해결하게 된 것입니다. 이것이 바로 세상을 깜짝 놀라게 한 아인슈타인의 1905년 특수상대성이론 논문이지요.

기자 과학자가 아닌 일반인 신분으로 논문을 쓴 거군요.

호킹 그렇습니다. 물리학과를 졸업했더라도 학부만 마치고 공무원 생활을 했으니까요. 아인슈타인은 공무원 시절 퇴근 후 지인들과 동아리를 만들어 과학과 철학, 문학에 대해 토론하면서 이런 놀라운 논문을 썼습니다. 더구나 1905년 아인슈타인은 특수상대성이론 논문뿐만 아니라 브라운운동 논문, 광전효과 논문, 질량-에너지 등가관계 논문을 동시에 발표하지요. 이 네 편은 모두 위대한 논문들입니다. 이 중 하나인 광전효과 논문으로 아인슈타인은 노벨 물리학상을 수상하지요. 한 명의 과학자가 수십 년에 한 편 쓸까 말까 한 위대한 논문을 한 해에 네 편씩이나 쓴 것입니다. 그래서 아인슈타인을 천재 과학자라 부른다고 생각합니다.

기자 듣고 보니 정말 대단하군요.

과학사의 혁명을 일으키다

기자　아인슈타인의 1905년 특수상대성이론 논문의 역사적인 중요성은 뭔가요?

호킹　갈릴레이와 뉴턴에 의해 완성된 역학 이론이 이 논문으로 인해 붕괴됩니다. 새로운 역학 이론이 탄생되는 것이지요. 갈릴레이와 뉴턴의 물리학이 3차원 공간의 세상을 바탕으로 한다면 아인슈타인의 이론은 시간을 포함한 4차원 공간의 세상으로 변화를 가지고 옵니다. 즉, 시간과 빛의 속력의 곱이 제4의 차원이 되었지요. 이로써 인류로 하여금 3차원 우주가 아닌 4차원 우주에서 산다는 것을 처음 알게 해주었어요. 인간이 시간을 건드리는 혁명적인 사건이 벌어지게 된 것입니다. 진화론이나 지동설 등 과학사의 수많은 혁명들이 있지만 저는 아인슈타인의 특수상대성이론이 과학사의 가장 큰 혁명이라고 생각합니다.

기자　아인슈타인의 논문은 얼마나 독창적이었나요?

호킹　한마디로 모방의 흔적이 없는 놀라운 논문입니다. 아인슈타인의 천재적 사고만으로 이루어진 명작이지요. 이 논문은 아인슈타인의 대담한 가정에서 출발해 막힘없는 시원스러운 이론이 됩니다. 그는 대다수 사람들이 믿고 있던 두 가지 사실을 믿지 않으려고 노력했어요.

기자　그 두 가지는 무엇이죠?

호킹　하나는 갈릴레이의 속도 덧셈 규칙이고 다른 하나는 모든 파동에는 매질이 있어야 한다는 것입니다. 많은 사람들은 빛도 전자기 파라는 파동이므로 매질이 있어야 한다고 생각했습니다. 대다수 과학자는 빛의 매질이 눈에 보이지 않는 에테르라는 물질이라고 믿었지요. 하지만 아인슈타인은 갈릴레이의 속도 덧셈 규칙도 에테르의 존재도 믿지 않았습니다. 그는 대다수가 믿는 이론이라도 진실이 아닐 수 있다고 생각한 용기 있는 과학자였습니다. 저도 이론물리학을 하려는 학생들에게 이렇게 말합니다. 교재는 어디까지나 참고이며 그것이 모두 진실이 아닐 수도 있고, 만일 그동안의 물리법칙에 의심이 가면 과감하게 도전하라고요.

특수상대성이론 논문의 핵심 내용

기자   아인슈타인의 1905년 특수상대성이론 논문에는 어떤 내용이 담겨 있나요?

호킹   이 논문의 제목은 〈움직이는 물체의 전기자기학에 관하여〉입니다. 논문은 1부와 2부로 이루어져 있습니다. 1부에서 아인슈타인은 움직이는 관찰자와 정지한 관찰자가 광속을 같게 측정하기 위해서는 두 관찰자의 시계의 시간이 다르게 흘러야 한다는 가정을 합니다. 만일 두 시간이 같게 흐르면 광속이 갈릴레이의 속도 덧셈 규칙에 따라 달라지기 때문이지요. 아인슈타인은 광속을 통해 두 시계를 맞추는 과정을 상세히 묘사합니다. 이를 통해 에테르 없이도 마이컬슨·몰리의 실험을 설명할 수 있게 됩니다. 이 과정에서 시간과 공간이 어떻게 변환되는지를 알아내고 갈릴레이의 속도 덧셈 규칙을 확장한 아인슈타인의 속도 덧셈 규칙을 만들어 냅니다. 2부에서는 전기자기학에 대한 맥스웰 방정식은 움직이는 관찰자의 좌표로 기술하든 정지한 관찰자의 좌표로 기술하든 달라지지 않는다는 것을 밝혀줍니다. 그 과정에서 두 관찰자가 관측한 전기장과 자기장의 변환 관계를 찾습니다. 이를 이용해 상대론적 도플러 효과를 설명합니다. 마지막으로 아인슈타인은 질량과 에너지의 관계를 찾아냅니다. 그 유명한 $E=Mc^2$이라는 공식이지요.

특수상대성이론 이후의 세계

기자   아인슈타인의 1905년 논문은 어떤 변화를 가지고 왔나요?

호킹   이 논문 이후에 뉴턴의 역학은 아인슈타인의 역학으로 수정됩니다. 양자역학이 나온 이후 특수상대성이론이 가미되면서 양자장론이라는 물리학 이론이 등장해 소립자의 세계를 잘 설명하게 되었고, 양자광학이나 고체물리학도 특수상대성이론에 의해 다시 쓰이게 되었습니다. 또한 이 논문은 10년 후 일반상대성이론을 만드는 초석이 되었습니다. 특수상대성이론은 현대사회에서 사용되는 GPS나 우주항공 분야에도 적용됩니다. 공간에 시간이 추가되면서 관측에만 의존하던 천문학이 천체물리학이라는 이름으로 다시 태어났고 이를 통해 블랙홀이라는 신비의 천체를 만날 수 있게 되었습니다. 아인슈타인의 특수상대성이론에서 나오는 질량-에너지 관계식은 화학반응의 법칙을 바꾸어 놓았습니다. $E=Mc^2$을 통해 원자폭탄이 만들어져 제2차 세계대전이 종식되었지요. 물론 아인슈타인은 자신의 공식이 무기에 사용되는 것을 원하지 않았습니다. 원자폭탄 투하 후 그는 다음과 같이 말했으니까요.

"내가 히로시마와 나가사키에 원자폭탄이 투하되는 일을 예견했다면 내 1905년 논문을 찢어 버렸을 것이다."

– 아인슈타인

아인슈타인의 $E=Mc^2$ 공식은 무기에만 사용된 것은 아닙니다. 이 공식은 원자력발전이나 핵융합발전과 같은 새로운 발전 방식에도 크게 기여했지요.

기자 엄청나게 중요한 역할을 했군요.

호킹 특수상대성이론은 영화나 문학에서도 많이 등장하게 되었습니다. 물론 상당수의 잘못된 시간 이동 영화들이 있지만요. 앞으로도 더 많은 영화나 문학작품이 나올 거라고 생각합니다.

기자 아인슈타인의 이론은 완벽한가요? 새로운 이론이 나올 가능성은 없나요?

호킹 그렇다면 아인슈타인이 싫어할 겁니다. 그가 거인의 어깨 위에서 새로운 세상을 보았듯, 후대의 물리학자들 또한 자신의 어깨 위에서 또 다른 세상을 보기를 원할 겁니다. 만일 광속보다 빠르게 움직이는 입자가 발견된다면 아인슈타인의 1905년 논문은 수정되어야 합니다. 이 논문의 전제는 광속보다 빠른 속도로 움직이는 입자는 없다는 가정에서 이루어졌으니까요. 아직까지 그런 입자는 발견되지 않았습니다. 하지만 지금까지 발견되지 않았다는 이유로 그런 입자가 없다고 단정할 수는 없지요. 그러므로 이론물리학자들은 언젠가 광속보다 빠른 입자가 발견될지도 모른다는 가정하에 논문을 쓰고 있습니다.

기자 그렇군요. 말씀 감사합니다. 지금까지 아인슈타인의 특수상대성이론 논문에 대해 호킹 박사님의 이야기를 들어 보았습니다.

아인슈타인 이전의 물리학

아리스토텔레스의 운동론 _ 돌이 땅에 떨어지는 그럴듯한 이유

정교수 자네 아인슈타인의 논문은 읽어 봤나?

물리군 시도는 했지만 하나도 모르겠어요.

정교수 그럴 거야. 아인슈타인의 논문은 2부로 이루어져 있어. 1부에서는 고전역학으로부터 특수상대성이론이 나오는 과정을 다루고, 2부에서는 전기와 자기를 묘사하는 맥스웰 방정식과 특수상대성이론과의 관계를 다루고 있지. 굉장히 긴 여행이 될 걸세. 우선 자네가 논문 1부를 이해할 수 있게 해주겠네. 그러려면 먼저 고전역학의 역사를 조금 알아봐야 해.

물리군 역학이 뭔가요?

정교수 물체의 운동을 다루는 물리학이야. 물체의 운동에 대한 첫 번째 연구는 고대 그리스의 아리스토텔레스부터 시작된다네. 아리스토텔레스는 물체의 운동을 어떻게 생각했는지 한번 살펴볼까?

아리스토텔레스는 우주를 지상계와 천상계로 나누었어. 그는 지상계에 인간, 동물, 산, 강, 바다 등이 있고 천상계에는 달, 태양, 별 등이 있다고 생각했지. 또한 지상계의 물질이 물, 불, 흙, 공기로 이루어졌다는 4원소설을 주장하였다네.

아리스토텔레스(Aristoteles, B.C.384~B.C.322)

물리군 그럼 천상계는요?

정교수 아리스토텔레스는 천상계가 제5원소로 이루어져 있다고 생각했네. 그는 4원소는 유한한 직선운동을 하고 제5원소는 영원한 원운동을 한다고 생각했지.

물리군 조금 황당한데요.

정교수 너무 오래된 이론이니까. 아리스토텔레스는 지상계의 4원소 중 물과 흙은 아래로 향하고 불과 공기는 위로 향하는 자연스러운 운동을 한다고 생각했어. 그는 돌이 땅에 떨어지는 것은 돌에 흙 원소가 많아서이고, 연기가 위로 올라가는 이유는 주로 불과 공기로 이루어져 있기 때문이라고 생각했지.

물리군 그것 참 재미있는 이야기네요.

정교수 또한 아리스토텔레스는 최초로 물체의 낙하운동에 대해 언급했어. 그는 무거운 물체와 가벼운 물체를 동시에 떨어뜨리면 무거운 물체가 더 빨리 떨어진다고 생각했다네. 역사적으로 볼 때 아리스토텔레스의 운동론은 역학에 대한 최초의 서술이지. 물론 그의 생각은 훗날 대부분 틀린 것으로 판명되지만 말이야.

물리군 그렇군요.

고전역학의 창시자 갈릴레이 _ 지루한 설교 덕분에 대단한 발견을!

정교수 이제 고전역학의 창시자인 갈
릴레오 갈릴레이의 이야기를 해야겠네.
갈릴레오 갈릴레이는 1564년 피사의
사탑으로 유명한 이탈리아 토스카나 지
방의 피사에서 7남매의 장남으로 태어
났어.

물리군 갈릴레이는 성과 이름이 비슷
하군요.

정교수 그건 이탈리아 토스카나 지방

갈릴레이(Galileo Galilei,
1564~1642)

의 전통 때문이야. 당시 토스카나 지방에서는 장남의 이름을 성과 비
슷하게 지었다고 해. 갈릴레이의 어린 시절부터 알아보세.

갈릴레이의 아버지 빈첸초 갈릴레이는 유명한 류트 연주가였다.
류트(lute)는 16세기부터 18세기까지 유럽에서 사용된 현악기로 기
타와 비슷한 모습이다. 갈릴레이의 집안은 귀족이었지만, 그가 어릴
때는 가세가 기울어 생활이 어려웠다. 갈릴레이는 10살 때 가족과 함
께 피렌체로 이사했고, 베네딕토회 수도원에서 3년 동안 생활했다.
그는 수도사가 되고 싶었지만 그의 아버지는 장남인 갈릴레이가 보
수가 많은 의사가 되어 몰락한 가문을 일으키기를 원했다. 어쩔 수 없
이 갈릴레이는 1581년 피사 대학 의학부에 입학했다. 하지만 이때부

터 그는 의학보다 수학에 흥미를 느끼기 시작했다.

물리군 갈릴레이는 물리학자 아닌가요?

정교수 이론물리학자이면서 수학자라네. 물리 현상을 수학으로 연구하는 과학자이지.

물리군 갈릴레이가 물리를 연구하게 된 동기는 뭐죠?

정교수 피사 대학 의학부에 다니던 어느 날 갈릴레이는 성당에서 뒷줄에 앉아 신부님의 설교를 듣고 있었네. 설교 내용이 따분하여 잠이 들락 말락 했는데 갑자기 성당 안으로 돌풍이 불더니 천장에서 내려온 긴 줄에 매달린 램프가 흔들리기 시작했어.

피사 대성당의 램프

갈릴레이는 램프를 쳐다보았다. 그는 램프가 흔들리다가 제자리로 돌아오는 데 걸리는 시간을 맥박수를 이용해 헤아려 보았다. 그랬더니 항상 같은 시간이 걸리는 것이었다. 갈릴레이는 진자가 한 번 왕복하는 데 걸리는 시간이 항상 일정하다는 생각을 가지게 되었다. 그리고 집으로 돌아와 천장에 줄을 매달아 추를 달고 실험을 했다. 이렇게 해서 찾아낸 성질이 바로 진자의 등시성이다.

물리군 의학부에 다닌 거라면 갈릴레이는 의사가 되었나요?

정교수 그렇지 않아. 갈릴레이는 경제적으로 어려워 4학년 때 대학을 그만둘 수밖에 없었지. 1585년 피렌체로 돌아간 그는 아버지의 친구이면서 궁궐의 수학자인 리치로부터 수학과 물리학을 배웠어. 갈릴레이는 틈틈이 학생들에게 수학을 가르쳐 생활비를 벌어야 했지. 그러다 1589년 그는 피사 대학의 수학 교수가 되었네.

물리군 갈릴레이가 망원경을 발명했다는 이야기도 있던데요?

정교수 그건 잘못된 이야기야. 1609년 어느 날 갈릴레이는 네덜란드의 리페르스헤이가 망원경을 발명했다는 이야기를 듣게 되었지.

렌즈 가게를 하던 리페르스헤이는 우연히 오목렌즈를 눈에 대고 반대쪽에 볼록렌즈를 대고 교회를 보았는데 교회가 크게 보였다고 한다. 갈릴레이는 이 방법대로 두 개의 렌즈를 이용해 리페르스헤이의 것보다 물체를 30배나 크게 볼 수 있는 망원경을 만들었다.

이때부터 갈릴레이는 우주로 눈을 돌렸다. 그는 먼저 달을 들여다

망원경을 보는 갈릴레이

보았다. 그리고 망원경으로 본 달의 실제 모습은 많은 사람들이 생각한 것처럼 매끄럽지 않고 울퉁불퉁하다는 사실을 처음 알아냈다.

또한 갈릴레이는 지구뿐 아니라 목성에도 달이 있다는 것을 처음 관측했다. 그는 토성이 고리를 가지고 있고, 은하수가 아주 많은 별들로 이루어져 있다는 것도 알아냈다.

갈릴레이의 관찰은 밤에만 이루어진 것은 아니었다. 갈릴레이는 낮에는 망원경으로 태양을 들여다보았다. 그는 밝게 빛나는 태양에 있는 검은 점들을 발견했다. 즉, 흑점을 발견한 것이다. 갈릴레이는 망원경으로 관측한 모든 결과를 1610년 《별에 대한 보고서》라는 책으로 엮어 냈다.

당시 로마교회에서는 지구는 우주의 중심이며 움직이지 않고, 다른 모든 천체가 지구의 주위를 돈다고 하는 지구중심설만 인정했다.

종교재판을 받는 갈릴레이

갈릴레이는 망원경으로 관측한 많은 자료로부터 지구가 태양 주위를 돌고 있다는 믿음을 버릴 수 없었다. 그는 1632년 이 내용을 《천문대화》라는 책에 실었다.

이 책이 나오자마자 로마교회는 책을 모두 압수하고 갈릴레이는 종교재판에 회부되어 가택연금을 당하게 된다. 갈릴레이는 남은 인생을 집에 갇힌 채 망원경으로 우주를 관측하며 지냈다. 그는 매일 망원경으로 태양의 흑점을 관측하다가 1637년에 시력을 잃었고, 1642년 78세의 나이로 쓸쓸하게 생을 마감했다.

갈릴레이, 속력을 정의하다 _ 두 물체의 빠르기는 어떻게 비교할까?

물리군 갈릴레이가 속력을 처음 정의했다고 하던데 사실인가요?

정교수 그렇지는 않아. 속력은 물체가 얼마나 빠른지 느린지를 나타내는 수치야. 속력에 대한 정의는 기원전 시대부터 문헌에 나타나네. 하지만 처음에 누가 거리를 시간으로 나눈 것으로 속력을 정의했는지는 알 수 없어. 다만 갈릴레이는 속력에 대해 좀 더 수학적인 정의를 만들었지.

물리군 어떻게 말인가요?

정교수 갈릴레이가 쓴 책《새로운 두 과학》에서 속력에 대해 묘사한 부분을 설명해 보겠네.

갈릴레이는 두 물체가 같은 거리를 움직일 때 속력은 그 거리를 움직이는 데 걸리는 시간만 비교하면 된다고 생각했다. 즉, 짧은 시간이 걸린 물체의 속력이 더 빠르다. 또한 두 물체가 같은 시간 동안 움직일 때 속력은 움직인 거리만 비교하면 된다고 생각했다. 즉, 움직인 거리가 더 긴 물체의 속력이 더 빠르다. 그렇다면 두 물체가 서로 다른 거리를 서로 다른 시간 동안 움직일 때 두 물체의 빠르기는 어떻게 비교할까? 이 의문에 대해 갈릴

《새로운 두 과학》

레이는 《새로운 두 과학》에서 명백한 해답을 내놓았다. 그는 일정한 속력으로 운동을 하는 물체를 생각했다. 그리고는 다음과 같은 그림을 도입했다.

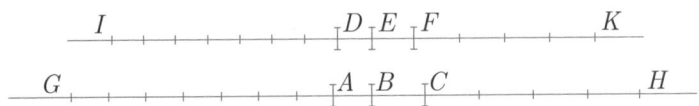

위에 있는 직선은 시간을, 아래에 있는 직선은 거리를 나타낸다. 갈릴레이는 다음과 같이 생각했다. 우선 시간 $\overline{DE}$ 동안 물체가 움직인 거리가 $\overline{AB}$이고, 시간 $\overline{EF}$ 동안 물체가 움직인 거리가 $\overline{BC}$라고 했다. 이때 $\overline{DI}$가 $\overline{DE}$의 n배(n은 자연수)가 되도록 점 I를 도입하고, $\overline{GA}$가 $\overline{AB}$의 n배가 되도록 점 G를 도입했다. 또한 $\overline{FK}$가 $\overline{EF}$의 m배(m은 자연수)가 되도록 점 K를 도입하고, $\overline{CH}$가 $\overline{BC}$의 m배가 되도록 점 H를 도입했다. 이것을 식으로 나타내면 다음과 같다.

$$\overline{DI} = n\overline{DE}$$
$$\overline{GA} = n\overline{AB}$$
$$\overline{FK} = m\overline{EF}$$
$$\overline{CH} = m\overline{BC}$$

이 네 식으로부터 갈릴레이는 다음 관계식을 얻었다.

$$\overline{GB} = (n+1)\,\overline{AB}$$
$$\overline{BH} = (m+1)\,\overline{BC}$$

$$\overline{IE} = (n+1)\,\overline{DE}$$

$$\overline{EK} = (m+1)\,\overline{EF}$$

갈릴레이는 물체가 일정한 속력으로 움직이는 경우를 생각했다. 그러면 같은 거리를 움직이는 데 걸리는 시간은 같으므로 $\overline{GB} = \overline{BH}$는 $\overline{IE} = \overline{EK}$를 의미한다. 이것을 다음과 같이 쓸 수 있다.

$$(n+1)\,\overline{AB} = (m+1)\,\overline{BC}$$

$$(n+1)\,\overline{DE} = (m+1)\,\overline{EF}$$

이 식으로부터 갈릴레이는 다음 관계식을 얻었다.

$$\frac{\overline{AB}}{\overline{DE}} = \frac{\overline{BC}}{\overline{EF}}$$

즉, 일정한 속력으로 움직이는 물체의 경우 서로 다른 시간 간격에 대한 움직인 거리의 비율은 일정하다는 사실을 알아낸 것이다. 갈릴레이는 이것을 속력의 정의로 삼을 수 있다고 생각하고 이 속력을 평균속력이라고 불렀다.

물리군   왜 평균이라는 말이 들어가지요?

정교수   다음 그림을 보면서 속력이 변하는 경우를 갈릴레이처럼 생각해 보세.

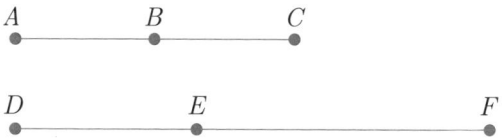

시간 $\overline{AB}$ 동안 물체가 일정한 속력으로 움직인 거리를 $\overline{DE}$, 시간 $\overline{BC}$ 동안 물체가 일정한 속력으로 움직인 거리를 $\overline{EF}$라 하고 $\overline{AB} = \overline{BC}$ 라고 하자. 이때 $\overline{DE} \neq \overline{EF}$이면 물체의 속력이 변하는 것을 의미한다. 시간 $\overline{AB}$ 동안의 물체의 속력을 v_1, 시간 $\overline{BC}$ 동안의 물체의 속력을 v_2 라고 하면 갈릴레이의 정의에 따라

$$v_1 = \frac{\overline{DE}}{\overline{AB}}$$

$$v_2 = \frac{\overline{EF}}{\overline{BC}}$$

가 된다. 한편 시간 $\overline{AC}$ 동안 움직인 거리는 $\overline{DF}$이므로 이 시간 동안의 속력 v에 대해 움직인 거리를 걸린 시간으로 나눈 것으로 정의하면

$$v = \frac{\overline{DF}}{\overline{AC}} = \frac{\overline{DE} + \overline{EF}}{\overline{AB} + \overline{BC}}$$

가 되고 $\overline{AB} = \overline{BC}$이므로

$$v = \frac{1}{2}\left(\frac{\overline{DE}}{\overline{AB}} + \frac{\overline{EF}}{\overline{BC}} \right) = \frac{1}{2}(v_1 + v_2)$$

가 되어 각 구간의 속력의 평균이 된다. 따라서 이렇게 속력이 달라지는 경우 그때그때의 속력의 변화를 고려하지 않고 물체가 움직인 전체 거리를 걸린 시간으로 나누어 준 값을 평균속력이라고 정의하는 것이다.

물리군　식으로 보니 명확하군요.

정교수　이렇게 속력에 대한 수학적인 정의를 세운 갈릴레이는 물체의 낙하운동에 대한 법칙을 찾게 되지. 그는 물체가 같은 시간 동안 낙하한 거리는 물체의 질량과 관계없이 같음을 증명했네. 물체가 1초 동안 낙하한 거리, 2초 동안 낙하한 거리, 3초 동안 낙하한 거리의 비는 놀랍게도 $1:4:9$가 되었고, 이것을 제곱으로 고치면 $1^2:2^2:3^2$으로 쓸 수 있어. 이렇게 하여 그는 물체가 일정 시간 동안 낙하한 거리는 시간의 제곱에 비례한다는 사실을 알아냈지. 이것이 바로 유명한 갈릴레이의 낙하법칙이야. 이 법칙의 발견으로 사람들이 오랫동안 믿어 왔던 아리스토텔레스의 낙하법칙이 무너지게 된 거라네.

고전역학을 완성한 뉴턴 _ 거인의 어깨 위에서

정교수　이제 우리는 고전역학을 완성한 뉴턴에 대해 얘기할 걸세.

뉴턴(Sir Isaac Newton, 1642~1727)

먼저 뉴턴은 어떻게 어린 시절을 보냈는지 알아보도록 하지.

　뉴턴은 갈릴레이가 죽은 해의 크리스마스에 영국의 울즈소프라는 작은 마을에서 태어났다. 그는 어릴 때부터 수학과 과학을 좋아했다. 학교에서 배우는 수업보다는 과학책과 수학책을 혼자 읽는 데 흥미를 느꼈다. 특히 갈릴레이와 데카르트가 쓴 과학책을 즐겨 읽었다. 뉴턴은 항상 무언가를 만드는 것을 좋아했는데 14살 때는 여동생을 위해 생쥐의 힘을 이용한 풍차와 물의 힘으로 작동되는 나무 시계 등을 만들어 주기도 했다.

　뉴턴이 어릴 때부터 공부를 잘한 편은 아니었다. 그가 킹스 스쿨이라는 초등학교에 다닐 때 시험 성적이 아주 나빠서 80명 학생 중 거의 꼴등이었다고 한다. 그래서 뉴턴은 공부를 못하는 아이들끼리 모인 반에서 수업을 받았다.

　어린 시절 뉴턴의 운명을 바꿔 놓은 사건이 있었다. 반에서 공부를 잘하는 학생이 뉴턴에게 공부를 못한다고 놀린 일이었다. 화가 머리 끝까지 치민 뉴턴은 그 친구와 결투를 하여 이겼다. 그는 공부를 잘하는 친구들을 성적으로도 이기고 싶었다. 그 일이 있고 난 후 뉴턴은 반에서 1, 2등을 다투는 모범생이 되었다.

물리군　재미있는 어린 시절 이야기이군요.

정교수　이렇게 자란 뉴턴은 18살에 영국 케임브리지 대학에 입학했네. 1664년 그가 대학에서 수학과 물리를 공부하고 있을 때 영국에는 무시무시한 페스트가 퍼지고 있었지. 페스트는 쥐들이 옮기는 전염병인데 당시에는 치료할 수 있는 약이 없어 한 번 걸리면 거의 죽게 되는 무서운 병이었어. 뉴턴은 이 무서운 전염병을 피하기 위해 사람들이 많이 살지 않는 조용한 고향 울즈소프로 내려갔네. 그리고 2년 동안 고향 집에서 혼자 연구를 계속했지. 만유인력의 법칙과 운동의 법칙, 미적분을 비롯한 뉴턴의 수많은 업적들은 모두 이 시기에 이루어진 걸세.

뉴턴의 고향 집에는 조그만 사과나무가 있었는데 뉴턴은 그 아래에 누워 명상에 잠기는 것을 좋아했다고 한다. 그가 사색에 잠겨 있던 중 잘 익은 사과 하나가 바닥으로 떨어지는 것을 보고 만유인력의 법칙을 발견했다는 일화도 있다.

페스트가 사라진 1667년이 되어서야 뉴턴은 대학으로 돌아갈 수

케임브리지 대학 식물원에 있는 뉴턴의 사과나무

있었다. 그리고 1669년 26살의 나이로 케임브리지 대학의 교수가 되었다. 그는 학생들에게 수학과 물리를 가르쳤다. 하지만 그의 강의가 너무 어려워 수업을 듣겠다는 학생은 아주 적었다고 한다.

이 시기에 뉴턴은 새로운 망원경을 발명했다. 그 당시까지의 망원경은 렌즈를 이용하는 것이었다. 하지만 렌즈를 이용하면 빛의 굴절 때문에 상이 흐리게 보여 우주를 정확하게 관측할 수 없었다. 뉴턴은 다른 원리로 망원경을 만들어 보기로 했다. 바로 렌즈 대신 거울을 이용하는 것이었다. 거울을 통해 빛을 반사시켜 물체를 크게 볼 수 있으므로 이것을 반사망원경이라고 부른다.

뉴턴은 반사망원경을 영국 왕립학회에 제출했고 그 덕에 1671년부터 왕립학회의 회원이 되었다. 1687년 뉴턴은 만유인력과 운동의 법칙을 다룬 《프린키피아》라는 책을 출간했다. 그 후 1703년 그는

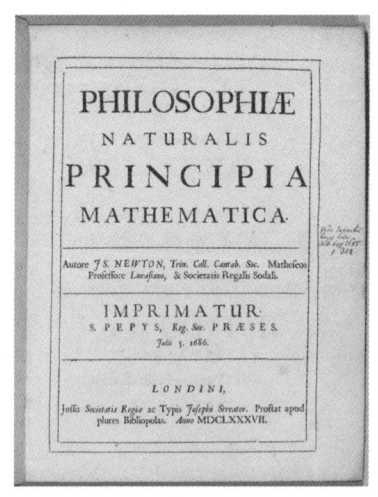

《프린키피아》

영국 왕립학회의 회장이 되었으며, 1705년에는 영국 앤 여왕으로부터 기사 작위를 받고 과학자 중 최초로 '경(Sir)'의 칭호를 받게 되었다. 1727년 뉴턴은 84세의 나이로 조용히 눈을 감았고 성대한 장례식과 함께 웨스트민스터 성당에 묻혔다.

뉴턴이 남긴 많은 명언들 중 다음을 소개하려고 한다.

"내가 멀리 볼 수 있었던 것은 거인의 어깨 위에 있었기 때문이다."

– 뉴턴

물리군   거인은 누구를 말하는 건가요?

정교수   많은 뉴턴 연구자들은 거인이 갈릴레이일 것으로 예측하네.

물리군   이해가 가네요.

미분과 적분의 발견 _ 한없이 가까워지고 무한히 잘게 나누기

물리군   뉴턴이 미분과 적분을 발견했다고 들었어요.

정교수   미분과 적분은 뉴턴과 독일의 라이프니츠가 독립적으로 발견했네. 사실 뉴턴의 《프린키피아》에서 미분과 적분에 대한 내용은 열 쪽도 채 되지 않아. 하지만 미분과 적분의 근본 개념이 들어 있지.

물리군   이왕이면 뉴턴의 책에 나온 내용을 알고 싶어요.

정교수   그러면 먼저 뉴턴의 《프린키피아》에서 미분을 정의한 내용을 볼까?

아래 그림처럼 곡선 위의 점 A, B를 생각하라. 점 A에서 곡률의 중심 방향
으로 직선을 그려 직선 위의 한 점을 J라고 하자. 선분 JB의 연장선과 점 A
에서의 접선이 만나는 점을 D라고 하자. 이때 점 B가 점 A에 한없이 가까
워지면 호 AB의 길이와 현 AB의 길이, 접선 AD의 길이는 모두 같아지고
$\angle BAD$는 0에 가까워진다.

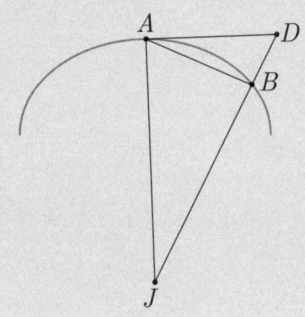

물리군   곡률이 뭔가요?

정교수   예를 들어 설명해 볼까? 오른쪽과
같은 임의의 곡선을 보게.

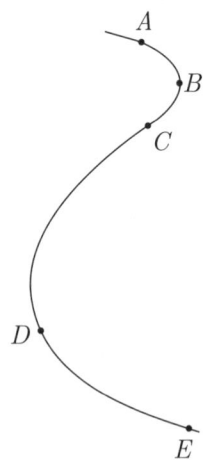

점 A에서 점 B, C, D를 거쳐 점 E로 가는
운동을 생각하자. 점 A에서 점 B를 거쳐 점
C로 갈 때와 점 C에서 점 D를 거쳐 점 E로
갈 때 곡선의 휘어진 정도가 다르다. 이처럼
곡률이란 곡선이 얼마나 휘어져 있는지를

나타내는 양이다.

한편 다음 그림과 같이 점 B에서 곡선에 가장 잘 일치하는 원을 그리고 그 원의 중심을 점 P라 하자. 또 점 D에서 곡선에 가장 잘 일치하는 원을 그리고 그 원의 중심을 점 Q라고 하자.

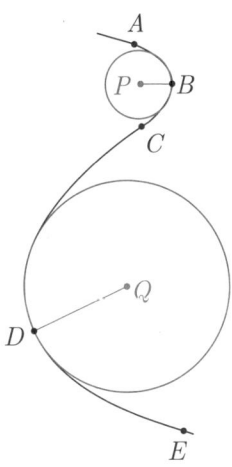

이때 점 P와 점 Q를 곡률의 중심이라고 한다. 그리고 선분 PB의 길이를 점 B에서의 곡률반지름이라고 부른다. 마찬가지로 점 D에서의 곡률반지름은 선분 QD이다. 또한 곡률반지름이 작을수록 곡률이 크다고 말한다. 즉, 이 경우 곡선이 더 많이 휘어져 있음을 의미한다.

뉴턴은 이 정의를 통해 함수의 미분을 정의했다. 예를 들어 다음과 같은 곡선 $y=f(x)$를 생각해 보자.

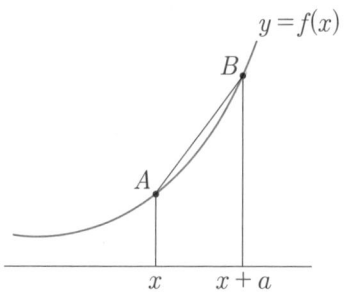

곡선 위의 두 점 A와 B를 생각하자. 그리고 점 A의 x좌표가 x이고 점 B의 x좌표가 $x+a$라고 하자. 이때 직선 AB의 기울기는

$$\frac{f(x+a)-f(x)}{(x+a)-x}$$

가 된다. 이때 점 B가 점 A에 한없이 가까워지면 직선 AB는 점 A에서의 접선과 일치한다. 그때 직선 AB의 기울기는 점 A에서의 접선의 기울기가 된다. 점 B가 점 A에 한없이 가까워지는 것은 a가 한없이 0에 가까워지는 것을 의미하므로

$$(\text{점 } A\text{에서의 접선의 기울기}) = \lim_{a \to 0} \frac{f(x+a)-f(x)}{(x+a)-x} = \frac{df}{dx}$$

가 되어 고등학교 수학에서 배우는 미분의 정의가 된다.

물리군   그렇군요.

정교수   이제 뉴턴의 《프린키피아》에서 적분을 정의한 내용을 보겠네.

아래 그림과 같은 곡선 $abcdE$를 생각하라. 이때 선분 AE는 점 B, C, D에 의해 4등분된다. 이때 점 B에서의 연직선이 곡선과 만나는 점을 b라 하고 아래 그림처럼 직사각형 $albK$와 직사각형 $KbBA$를 만들자. 이때 곡선 ab는 직사각형 $albK$ 안에 놓이게 된다. 같은 방법을 점 C, D에 대해서도 수행하자. 만일 선분 AE를 무한히 잘게 나눈다면 곡선 아래에 있는 직사각형의 넓이의 합과 곡선 위에 있는 직사각형의 넓이의 합은 곡선 아래의 넓이와 같아진다.

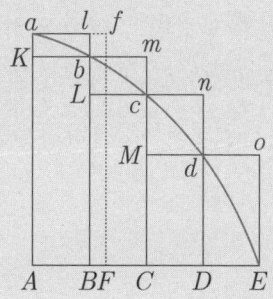

이것을 뉴턴의 구분구적법이라고 부르는데 바로 적분의 기본 정의가 된다. 뉴턴은 재미있는 방법으로 이 정리를 설명했다.

직사각형 $alBA$와 직사각형 $KbBA$를 보자. 이때

(직사각형 $alBA$의 넓이) − (직사각형 $KbBA$의 넓이)

= (직사각형 $albK$의 넓이)

= $\overline{Kb} \times \overline{aK}$

가 된다. 여기서 $\overline{Kb} = \overline{AB}$이다. 그러므로

(직사각형 *alBA*의 넓이) − (직사각형 *KbBA*의 넓이)

$= \overline{AB} \times \overline{aK}$

가 된다. 뉴턴은 선분 *AE*의 길이를 무한히 잘게 나누는 경우를 생각했다. 이때 선분 *AB*의 길이는 0에 가까워진다. 그 경우 직사각형 *albK*의 넓이 역시 0에 가까워진다. 그러므로

(직사각형 *alBA*의 넓이) = (직사각형 *KbBA*의 넓이)

가 되고 이것은 *AB* 구간에서 곡선 아래의 넓이와도 같아진다. 이렇게 *AE* 구간에서 곡선 아래의 넓이를 계산하기 위해 뉴턴은 무한히 많은 (가로의 길이가 0에 가까워지는) 직사각형들을 도입해 적분을 정의했다.

물리군   재미있는 증명이군요.

미분으로 순간속도를 정의하다 _ 내 차의 속도는 얼마나 변했을까?

정교수   뉴턴은 미분을 이용해 어떤 시각의 속도인 순간속도를 정의할 수 있었어.

물리군   속도와 속력의 차이는 뭔가요?

정교수   속력은 방향은 따지지 않고 빠르기만을 나타내지. 하지만 물체의 운동을 기록할 때는 빠르기뿐 아니라 물체가 움직이는 방향도

중요하다네. 그러므로 빠르기와 방향 모두를 고려할 수 있는 물리량이 필요한데 그것이 바로 속도야. 물리학자들은 크기만 가진 양을 스칼라라 하고 크기와 방향을 가진 양을 벡터라고 부르네. 여기서 다음 내용을 정의할 필요가 있겠군.

물체가 직선상에서 이동할 때 시각이 t_1일 때의 위치를 x_1, 시각이 t_2일 때의 위치를 x_2라고 하면 변위(위치의 변화량) Δx는 다음과 같이 정의된다.

$$\Delta x = x_2 - x_1$$

이때 물체가 움직인 시간은

$$\Delta t = t_2 - t_1$$

이 된다.

물리군   변위는 물체의 나중 위치의 좌표에서 처음 위치의 좌표를 뺀 값이군요.

정교수   그렇네. 이때 변위도 벡터라는 것을 명심하게. 움직인 시간 동안 물체의 평균속도를 $\bar{v}$라고 쓰는데, 변위를 시간으로 나눈 값으로 정의하지.

$$\bar{v} = \frac{\Delta x}{\Delta t} = \frac{x_2 - x_1}{t_2 - t_1}$$

따라서 평균속도도 벡터라네. 갈릴레이는 평균속도의 개념은 정의했지만 t_1과 t_2가 같은 순간에서의 속도를 정의할 수는 없었어.

물리군 분모가 0이 되기 때문인가요?

정교수 맞아. 수학에서는 0으로 나누는 것을 금지하기 때문이야. 그래서 미분이라는 아이디어가 나오게 된 거네.

뉴턴은 갈릴레이의 평균속도에서 t_2가 t_1에 가까워질 때의 극한을 생각했고, 이 극한값을 시각 t_1에서의 순간속도로 정의했다. 이것을 다음과 같이 나타낼 수 있다.

$$v(t_1) = \lim_{\Delta t \to 0} \frac{\Delta x}{\Delta t} = \lim_{t_2 \to t_1} \frac{x_2 - x_1}{t_2 - t_1}$$

이제 $x_2 = x(t_2)$, $x_1 = x(t_1)$이라고 하자. 이때 $t_2 = t_1 + \Delta t$이므로

$$v(t_1) = \lim_{\Delta t \to 0} \frac{x(t_1 + \Delta t) - x(t_1)}{\Delta t}$$

이라고 쓸 수 있다. 임의의 시각 t에서의 순간속도는

$$v(t) = \lim_{\Delta t \to 0} \frac{x(t + \Delta t) - x(t)}{\Delta t}$$

가 되는데 이것을 t에 대한 x의 미분이라 부르고

$$v(t) = \frac{dx}{dt}$$

라고 쓴다.

물리군   순간속도를 정의하기 위해 뉴턴이 미분을 만들었군요.

정교수   그렇지. 이제 가속도를 알아야 해. 차를 타고 서울 시내에서 드라이브를 하는 걸 생각해 보게. 일정 시간 동안 속도가 얼마나 변했는가를 따지기 위해 가속도라는 물리량이 도입되었어. 가속도도 평균가속도와 순간가속도를 정의할 수 있다네. 어떤 시각으로부터 아주 짧은 시간 동안의 평균가속도를 그 시각의 순간가속도라고 하지.

물리군   예를 들면요?

정교수   승용차와 트럭이 정지해 있다가 승용차는 2초 후에 순간속도가 20m/s로 되었고 트럭은 5초 후 25m/s가 되었다고 하세. 두 경우 순간속도의 변화 Δv를 구해 보겠네.

승용차: $\Delta v = 20 - 0 = 20 (\text{m/s})$

트럭: $\Delta v = 25 - 0 = 25 (\text{m/s})$

트럭이 더 큰 순간속도에 도달했으니까 트럭의 평균가속도가 더 클까? 그렇지 않다. 두 차가 어떤 순간속도에 도달하는 데 걸린 시간이 다르기 때문에 순간속도의 변화만으로 비교하는 것은 공평하지 않다. 그래서 같은 시간 동안 순간속도의 변화를 비교하는 물리량이 필요한데 그것이 바로 평균가속도이다.

시간 Δt 동안 물체의 순간속도의 변화가 Δv일 때 물체의 평균가속도 $\bar{a}$는 다음과 같이 정의된다.

$$(평균가속도) = \frac{(순간속도의 변화)}{(시간)}$$

$$\bar{a} = \frac{\Delta v}{\Delta t}$$

승용차와 트럭의 평균가속도를 구해 보자.

$$승용차: \bar{a} = \frac{20 - 0}{2} = 10(\text{m/s}^2)$$

$$트럭: \bar{a} = \frac{25 - 0}{5} = 5(\text{m/s}^2)$$

물리군   승용차의 평균가속도가 더 크군요.

정교수   여기서 평균가속도도 벡터라는 걸 명심하게.

물리군   그럼 평균가속도의 방향은 어떻게 되나요?

정교수   순간속도의 방향은 물체가 움직이는 방향이야. 그렇다면 가속도의 방향도 물체가 움직이는 방향일까? 확인해 보세.

처음에 정지해 있다가 3초 후 12m/s의 속도가 되는 버스의 평균가속도를 구해 보겠네. 이때 버스는 오른쪽으로 움직인다고 하지.

물리군   순간속도의 방향은 오른쪽이겠네요.

정교수   이때 평균가속도는

$$\bar{a} = \frac{12 - 0}{3} = 4(\text{m/s}^2)$$

이 돼. 이번에는 12m/s의 순간속도로 달리던 버스가 3초 후에 멈추는 경우를 살펴볼까? 역시 버스는 오른쪽으로 움직이네.

물리군 순간속도의 방향은 역시 오른쪽이군요.

정교수 이때 평균가속도는

$$\bar{a} = \frac{0-12}{3} = -4(\mathrm{m/s^2})$$

이 되지.

물리군 평균가속도가 음수가 되었네요.

정교수 오른쪽을 (+)방향으로 택하였으니까 음수인 평균가속도의 방향은 왼쪽이야. 그러니까 다음과 같은 결론이 나오지.

- 물체의 순간속도가 증가하면 평균가속도의 방향은 물체가 움직이는 방향이다.
- 물체의 순간속도가 감소하면 평균가속도의 방향은 물체가 움직이는 방향과 반대이다.

물론 위 사실은 물체가 일직선을 따라 움직일 때만 성립하는 얘기야.

물리군 순간가속도는 미분을 이용해 정의하나요?

정교수 그렇지. 이제 식으로 정리하며 자세히 설명하겠네.

물체가 직선상에서 이동할 때 시각이 t_1일 때의 순간속도를 v_1, 시각이 t_2일 때의 순간속도를 v_2라고 하면 이때 순간속도의 변화량은

$$\Delta v = v_2 - v_1$$

이 된다. 그리고 순간속도의 변화에 걸린 시간은

$$\Delta t = t_2 - t_1$$

이다. 따라서 평균가속도는

$$\bar{a} = \frac{\Delta v}{\Delta t} = \frac{v_2 - v_1}{t_2 - t_1}$$

이 된다.

뉴턴은 평균가속도에서 t_2가 t_1에 가까워질 때의 극한을 생각했고, 이 극한값을 시각 t_1에서의 순간가속도로 정의했다. 이것을 다음과 같이 나타낼 수 있다.

$$a(t_1) = \lim_{\Delta t \to 0} \frac{\Delta v}{\Delta t} = \lim_{t_2 \to t_1} \frac{v_2 - v_1}{t_2 - t_1}$$

이제 $v_2 = v(t_2)$, $v_1 = v(t_1)$이라고 하면 $t_2 = t_1 + \Delta t$이므로

$$a(t_1) = \lim_{\Delta t \to 0} \frac{v(t_1 + \Delta t) - v(t_1)}{\Delta t}$$

이라고 쓸 수 있다. 임의의 시각 t에서의 순간가속도는

$$a(t) = \lim_{\Delta t \to 0} \frac{v(t + \Delta t) - v(t)}{\Delta t} = \frac{dv}{dt}$$

가 되어, 순간속도의 시간에 대한 미분이 된다. 순간속도가 위치를 시간으로 미분한 것이므로 순간가속도는 위치를 시간으로 두 번 미분한 꼴이 된다. 즉, 다음과 같다.

$$a = \frac{d^2x}{dt^2}$$

뉴턴의 세 가지 운동법칙 _ 지금처럼 쭈욱 가보자고!

정교수   순간속도를 정의한 뉴턴은 물체의 운동에 대한 세 가지 법칙을 발표했지. 세 가지 법칙은 다음과 같아.

[뉴턴의 제1법칙] 물체에 힘[1]이 작용하지 않으면 정지해 있던 물체는 정지 상태를 유지하고 어떤 속도로 운동하고 있던 물체는 그 속도로 계속 운동한다.

[뉴턴의 제2법칙] 질량이 m인 물체에 힘 F가 가해지면 물체는 가속도 $a = \dfrac{F}{m}$를 가진다.

[뉴턴의 제3법칙] 두 개의 물체 A, B를 생각하자. 물체 A가 물체 B에 작용한 힘과 물체 B가 물체 A에 작용한 힘은 크기가 같고 방향은 서로 반대이다.

여기서 우리는 제1법칙에 초점을 맞춰 얘기하려고 하네. 제1법칙을

---

1) 하나의 물체에 여러 개의 힘이 작용하는 경우에는 힘의 합력이 0이 될 때 이 법칙이 적용된다.

다른 말로 관성(inertia)의 법칙이라고 부르지.

물리군　관성이 뭔가요?

정교수　질량이 있는 물체가 가지는 성질인데, 물체가 속도를 바꾸지 않으려고 하는 성질이라고 생각하면 돼. 관성에 대한 논의는 갈릴레이의 《새로운 두 과학》에 처음 등장하네. 그 내용을 한번 살펴볼까?

　갈릴레이는 다음 그림과 같이 비탈면을 따라 공이 내려갔다가 평평한 곳을 지나 다시 비탈면을 따라 올라가는 경우를 생각했다. 그는 공과 바닥 사이에 마찰이 없다고 가정했다.

　갈릴레이는 비탈면에서 수많은 실험을 했고, 이를 통해 비탈면을 내려올 때 공이 빨라진다는 것을 알아냈다. 즉, AB 구간에서 공은 점점 빨라진다. 또한 공이 BC 구간을 지날 때 일정한 속도를 유지했다가 CD 구간을 지나갈 때(비탈면을 올라갈 때) 공이 느려진다는 것을 알아냈다.

　더 나아가 갈릴레이는 다음 그림과 같이 CD 구간의 길이를 늘여 공이 같은 높이까지 올라가는 경우를 생각했다.

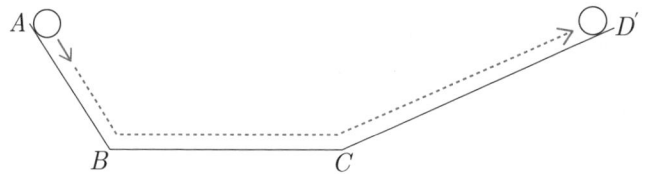

이때도 역시 공이 BC 구간을 지날 때 일정한 속도를 유지하게 된다. 여기서 갈릴레이는 CD 구간의 길이를 무한히 늘이는 경우를 생각했다. 이 경우는 다음 그림과 같다.

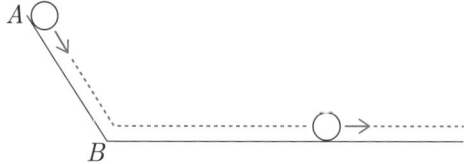

CD 구간의 길이를 무한대로 한다는 것은 CD 구간의 비탈면의 경사가 없어지는 경우를 의미한다. 그러니까 B 지점으로 내려온 공은 일직선을 따라 영원히 일정한 속력으로 직선운동을 한다. 갈릴레이는 물체가 가진 이러한 속성을 관성이라고 불렀다.

물리군 갈릴레이가 관성이라는 물체의 성질을 알아냈지만 그 원인에 대해서는 몰랐던 거네요.

정교수 그렇지. 이 문제를 해결한 사람은 프랑스의 수학자이자 물리학자, 그리고 철학자인 데카르트였어. 먼저 데카르트에 대해 소개하겠네.

데카르트(René Descartes, 1596~1650)

　데카르트는 프랑스 라에에서 태어났다. 그의 어머니는 데카르트를 낳고 1년 1개월 후에 죽었다. 데카르트는 어릴 때부터 약골이었다. 1607년 그는 라플레슈에 있는 예수회 왕립학교에 입학해 8년을 공부했는데 몸이 약해 수업을 제대로 듣지 못하고 자주 늦잠을 자곤 했다. 이렇게 침대에 오래 누워 있는 습관 덕에 데카르트는 날벌레가 천장에 붙어 있는 것을 보고 그 위치를 계산하려다가 좌표를 만들게 된다.

　1614년 데카르트는 푸아티에 대학에 입학해 법학과 의학을 공부한다. 대학 졸업 후 그는 세상을 배우기 위해서 네덜란드의 마우리츠공 휘하에서 군인 생활을 한다. 1617년 어느 날 거리에 걸려 있는 네덜란드어로 쓰인 글을 보던 데카르트는 지나가던 행인에게 그 내용을 프랑스어로 번역해 달라고 부탁한다. 그 행인은 홀란트의 대학 학장이자 수학자였던 이사크 베이크만(Isaac Beeckman)이었다. 베이크만은 데카르트에게 자신이 내는 수학 문제를 풀면 번역해 주겠다고 말했다. 이 문제는 당시 아무도 풀지 못하는 문제였다. 데카르트는 몇 시간 만에 이 문제를 풀어 베이크만을 놀라게 했다. 이 일로 베이크만은 데카르트에게 학문을 하라고 권유한다. 데카르트는 1621년 군인을 그만두고 순수수학과 물리학, 철학에 관한 연구를 하게 된다.

물리군 데카르트가 물리학자였다는 얘기는 처음 들어요.

정교수 많은 사람들이 철학자로 알고 있지. 데카르트는 1644년 출간된 《철학 원리》라는 책에서 갈릴레이의 관성의 개념을 확장한 다음과 같은 법칙을 제시했어.

  멈추어 있던 물체는 계속해서 그 상태를 유지하려 하고, 운동하고 있던 물체도 그 운동을 계속하려 한다. 모든 물체는 외부의 작용을 받지 않으면 그 운동 상태를 유지한다.

물리군 뉴턴의 제1법칙과 거의 비슷하군요.

정교수 하지만 정교하지는 않아. 데카르트의 법칙을 조금 더 세련되게 바꾼 사람은 네덜란드의 하위헌스[2]야. 그 내용도 살펴보겠네.

  하위헌스는 자신의 저서 《충돌하는 물체의 운동》에서 관성의 법칙에 대해 다음과 같이 기술했다.

  운동하고 있는 물체는 방해 받지 않으면 직선상에서 같은 속력으

---

2) 흔히 호이겐스라고 부르는데 네덜란드 식으로 발음하면 하위헌스에 가깝다.

하위헌스(Christiaan Huygens, 1629~1695)

로 영원히 움직인다.

하위헌스의 《충돌하는 물체의 운동》은 1650년대 중반에 집필되었지만 그가 죽은 후인 1703년에 출판되었다.

물리군 법칙이 점점 더 세련되어지는걸요.

정교수 맞아. 이렇게 관성과 관성의 법칙은 뉴턴 혼자서 이루어 낸 일은 아니야.

물리군 뉴턴의 제1법칙은 '갈릴레이-데카르트-하위헌스-뉴턴 법칙'이라고 불러야겠어요.

갈릴레이의 상대성원리 _ 가로수가 뒤로 가는 것처럼 보이는 이유

정교수   뉴턴의 제2법칙에 따라 물체에 힘이 작용하면 가속도가 생기네. 가속도는 속도의 변화에 의해 생기는데 속도의 변화가 크면 클수록 가속도는 커지지. 그러니까 관성은 물체의 속도 변화에 대해 변화를 거부하는 경향이야. 그런데 관성의 법칙이 모든 곳에서 성립하는 것은 아닐세. 관성의 법칙이 성립하는 곳을 관성계라고 하는데 관성계가 되기 위해서는 등속직선운동이 되어야 해.

물리군   등속직선운동이 뭔가요?

정교수   직선을 따라서 일정한 속력으로 방향을 바꾸지 않고 움직이는 것을 말해. 다시 말해 일직선 위에서 속도가 일정한 운동이지.

물리군   그럼 정지 상태는요?

정교수   정지 상태도 속도가 0인 등속직선운동이므로 관성계이지. 이 관성계를 특별히 정지 관성계라고 부른다네. 관성과 관성계를 정의한 갈릴레이는 모든 관성계에서 같은 운동의 법칙이 적용된다는 것을 발견했어. 이것이 바로 갈릴레이의 상대성원리야.

   "모든 관성계에서 역학에 관한 물리법칙은 같다."

– 갈릴레이

물리군   상대성원리라는 이름을 처음 사용한 사람이 갈릴레이였군요.

정교수   그렇네. 예를 들어 다음 그림처럼 정지한 관찰자와 등속도 v로 오른쪽으로 움직이는 버스에 탄 관찰자가 똑같이 공을 위로 던지는 경우를 생각해 보게.

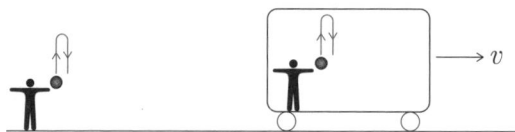

이때 두 관찰자는 공이 움직이는 모습(위로 똑바로 올라갔다 똑바로 아래로 떨어지는 모습)을 똑같은 모습으로 관찰하게 될 거야. 이게 바로 역학에 관한 물리법칙이 달라지지 않는다는 것을 의미하지.

물리군 정지한 관찰자도 관성계이고, 등속직선운동하는 버스 안의 관찰자도 관성계이기 때문이군요!

정교수 바로 그거야. 이제 갈릴레이의 상대성원리를 뉴턴의 운동방정식으로 더 쉽게 설명해 보겠네.

다음 그림과 같이 정지한 관찰자와 등속도 v로 오른쪽으로 움직이는 버스에 탄 관찰자가 서로 다른 좌표를 가지고 있다고 하자. 버스가 움직이는 방향을 정지한 관찰자의 x좌표로 택하겠다.

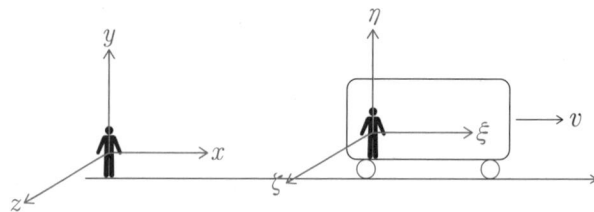

정지한 관찰자는 물체의 위치를 (x, y, z)로 나타내고, 움직이는 관

찰자는 물체의 위치를 (ξ, η, ζ)로 나타낸다고 하자. 버스가 x 방향으로만 움직이기 때문에 두 관찰자에 대해

$$y = \eta$$
$$z = \zeta$$

가 성립한다. 이제 x와 ξ의 관계를 알아보자. 처음($t=0$)에 버스가 정지한 관찰자가 있던 위치에서 출발했다고 하자. 시간이 t만큼 흐르면 버스는 오른쪽 방향으로 vt만큼 움직인다. 이때 그림처럼 질량이 m인 물체가 버스 속에 있다고 하자.

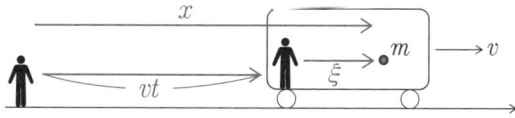

이 물체의 위치를 두 관찰자는 다르게 나타낼 것이다.

(정지한 관찰자가 측정한 물체의 위치) $= x$
(움직이는 관찰자가 측정한 물체의 위치) $= \xi$

그림에서 우리는

$$x = \xi + vt \tag{1-8-1}$$

라는 사실을 알 수 있다. 정지한 관찰자는 자신이 측정한 물체의 위치가 x이므로 물체의 속도를

$$v_{\text{정}} = \frac{dx}{dt}$$

로 나타내고, 움직이는 관찰자는 자신이 측정한 물체의 위치가 ξ이므로 물체의 속도를

$$v_{\text{움}} = \frac{d\xi}{dt}$$

로 나타낼 것이다. 식 (1-8-1)로부터

$$\frac{dx}{dt} = \frac{d}{dt}(\xi + vt) = \frac{d\xi}{dt} + v$$

가 된다. 이것은 v가 일정하기 때문에 나타난 관계식이다. 따라서 다음과 같이 정리할 수 있다.

(정지한 관찰자의 좌표로 나타낸 물체의 속도)

= (움직이는 관찰자의 좌표로 나타낸 물체의 속도) + (버스의 속도 v)

또는

$$v_{\text{정}} = v_{\text{움}} + v$$

물리군 어느 속도가 실제 속도인가요?

정교수 정지한 관찰자의 좌표로 나타낸 물체의 속도가 진짜 속도야. 구체적인 예를 들어 보겠네.

버스가 달리고 있을 때 버스 안에서 걸어가는 사람을 본다고 가정하자. 이때 버스를 생각하지 말고 그 사람만 쳐다본다면 그는 무척 빠르게 움직인다는 것을 알 수 있다. 이것은 정지한 관찰자가 측정한 버스 안에서 걸어가는 사람의 속도는 버스 안에 탄 사람이 보는 걸어가는 사람의 속도에 버스의 속도가 더해진 값이기 때문이다. 또 다른 예로 달리는 차 안에서 물체를 던지는 것을 생각해 보자. 물체를 차가 달리는 방향으로 던진다고 할 때, 차의 속도는 시속 60킬로미터라고 하자. 차 안의 관찰자 기준으로 던진 속도가 시속 50킬로미터라면

$$(정지한\ 관찰자가\ 보는\ 물체의\ 속도) = 60 + 50 = 110(km/h)$$

라는 무시무시한 속도가 된다.

물리군 그렇다면 움직이는 관찰자가 측정한 속도는 무엇인가요?

정교수 차를 타고 가면서 거리를 보면 나무가 뒤로 가는 것처럼 보이지? 또 고속도로를 달리면서 옆의 차를 보면 차가 정지해 있는 걸로 보일 때가 있어. 이것은 관찰하는 사람이 움직이고 있기 때문인데 이것을 상대속도라고 부르지. 예를 들어 내 차의 속도가 100km/h이고 같은 방향으로 달리는 옆 차의 속도가 100km/h일 때, 내 차에 대한 옆 차의 상대속도는 100 − 100 = 0이므로 0이 되네. 즉, 옆 차는 정지해 있는 걸로 보이게 돼.

물리군 그렇군요.

일과 운동에너지 _ 물체를 움직이는 힘에 대하여

정교수 아인슈타인의 논문 1부를 이해하려면 일과 운동에너지에 대해 조금 알 필요가 있어. 먼저 일의 정의를 알아보겠네.

정지해 있는 당구공을 큐로 밀면 움직인다. 이것은 당구공에 힘이 작용했기 때문이다. 이때 힘을 받은 당구공은 원래 위치에서 일정 거리를 움직인다. 물론 당구대와의 마찰력이 있어 당구공은 멈추지만 말이다. 이렇게 물체에 힘을 작용하면 물체가 이동하는데, 물리학자들은 물체에 힘 F가 작용하여 물체를 힘이 작용한 방향으로 거리 d만큼 움직이게 했을 때의 일 W를 다음과 같이 정의한다.

$$W = Fd$$

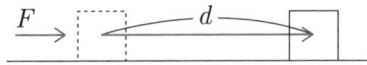

물리군 그럼 운동에너지는 뭔가요?

정교수 물체가 운동을 하고 있다는 것은 속도가 0이 아니라는 뜻이야. 이렇게 어떤 속도로 운동하는 물체가 가지는 에너지를 운동에너지라고 부르지. 물체의 질량이 m이고 속도가 v일 때 물체의 운동에너지 K는

$$K = \frac{1}{2}mv^2$$

으로 정의되네.

세상에서 가장 쉬운 과학 수업 **특수상대성이론**

물리군　정지해 있는 물체는 속도가 0이므로 운동에너지가 0이군요.

정교수　그렇지.

물리군　일과 운동에너지는 어떤 관계가 있나요?

정교수　다음 상황을 한번 보게.

　처음 정지해 있던 질량이 m인 물체가 움직이기 시작해서 일정한 비율로 속도가 증가해 거리 d만큼 움직였을 때 물체의 속도가 v가 된 경우를 생각해 보자. 이 경우에

$$(\text{처음 운동에너지}) = 0$$

$$(\text{나중 운동에너지}) = \frac{1}{2}mv^2$$

이 된다. 이때 일을 구해 보자. 일은 힘 F와 이동거리의 곱이므로 우선 힘을 구해야 한다. $F = ma$에서 물체의 속도가 일정한 비율로 증가하므로 가속도는 일정하다.

$$a = \frac{(\text{속도의 변화량})}{(\text{시간})}$$

이고 물체의 이동거리 d는

$$d = (\text{평균속도}) \times (\text{시간})$$

이므로

$$a = \frac{(\text{속도의 변화량}) \times (\text{평균속도})}{(\text{이동거리})}$$

가 된다. 따라서 이 힘이 한 일은

$$W = m \times (속도의\ 변화량) \times (평균속도)$$

가 된다. 여기서

$$(속도의\ 변화량) = (나중\ 속도) - (처음\ 속도) = v$$

이고,

$$(평균속도) = \frac{1}{2} \times \{(나중\ 속도) + (처음\ 속도)\} = \frac{1}{2} \times v$$

이다. 그러므로 일과 운동에너지의 관계는

$$W = \frac{1}{2}mv^2$$

이 된다. 이것으로부터 우리는

$$(일) = (나중\ 운동에너지) - (처음\ 운동에너지)$$

가 된다는 것을 알 수 있다.

물리군 이건 힘이 항상 일정한 경우이지 않나요? 힘이 위치에 따라 달라지면 어떻게 일을 정의하죠?

정교수 위치에 의존하는 힘 $F(x)$를 받아 물체의 위치가 x_1에서 x_2로 변하는 경우를 살펴보도록 하지.

x_1과 x_2 사이의 거리를 n등분하면 관측되는 위치의 좌표는 다음과 같다.

$$x_1, x_1 + \frac{x_2 - x_1}{n}, x_1 + 2\frac{x_2 - x_1}{n}, x_1 + 3\frac{x_2 - x_1}{n}, \cdots, x_1 + n\frac{x_2 - x_1}{n}$$

이때 $(i+1)$번째 구간은

$$\left[x_1 + i\frac{x_2 - x_1}{n}, x_1 + (i+1)\frac{x_2 - x_1}{n}\right]$$

이 된다. 이 구간 동안에도 힘은 위치에 따라 달라지지만 n을 아주 크게 잡으면 구간의 폭이 아주 자아지므로 힘의 변화는 매우 작을 것으로 기대할 수 있다. 이 구간에서 물체에 작용하는 힘을 구간의 양 끝점에서의 힘의 값의 산술평균으로 택하자. 이 구간 동안 이동거리는

$$\frac{x_2 - x_1}{n}$$

이고 물체에 작용하는 힘은

$$\frac{1}{2}\left[F\left(x_1 + i\frac{x_2 - x_1}{n}\right) + F\left(x_1 + (i+1)\frac{x_2 - x_1}{n}\right)\right]$$

이므로 이 힘이 한 일을 W_{i+1}이라고 하면

$$W_{i+1} = \frac{1}{2}\left[F\left(x_1 + i\frac{x_2 - x_1}{n}\right) + F\left(x_1 + (i+1)\frac{x_2 - x_1}{n}\right)\right] \cdot \frac{x_2 - x_1}{n}$$

이 된다. 따라서 위치에 의존하는 힘 $F(x)$를 받아 물체가 위치 x_1에서 x_2로 이동하는 동안 이 힘이 한 일을 W라고 하면

$$W = W_1 + W_2 + \cdots + W_n$$

이 된다. 이것을 합의 기호를 써서 나타내면

$$W = \sum_{i=0}^{n-1} \frac{1}{2} \left[F\left(x_1 + i\frac{x_2 - x_1}{n}\right) + F\left(x_1 + (i+1)\frac{x_2 - x_1}{n}\right) \right] \cdot \frac{x_2 - x_1}{n}$$

이 되고, 이때 n을 무한대(∞)로 보내는 극한을 취하면 뉴턴의 적분의 정의에 따라

$$W = \int_{x_1}^{x_2} F(x)\, dx$$

가 된다.

물리군 그렇군요.

두 번째 만남

영웅 아인슈타인의 등장

빛의 속력을 측정한 과학자들 _ 너는 너무나 빨라!

정교수 아인슈타인의 논문 속으로 들어가기에 앞서 빛의 속력에 대한 이야기를 먼저 하려고 하네.

물리군 빛은 세상에서 제일 빠르다고 알고 있어요. 1초에 30만 킬로미터를 간다고 하던데요.

정교수 맞아. 하지만 빛의 속력에 대한 실험은 아주 오랜 시간 동안 점점 더 정교하게 발전되어 그런 결과에 도달한 거지. 지금부터 빛의 속력을 재려고 했던 영웅들의 이야기를 시작해 보겠네.

물리군 재밌겠군요.

고대 그리스에 엠페도클레스라는 자연철학자가 있었다. 엠페도클레스는 아리스토텔레스의 스승으로 유명하다. 그는 빛이 유한한 속력을 가졌다고 주장한 첫 번째 사람이다. 그는 빛이 움직여 일정 거리를 이동하는 데 약간의 시간이 필요하다고 주장했다. 하지만 그의 제자인 아리스토텔레스는 반대로 빛은 움직이는 것이 아니라 존재하는 것이라고 생각했다.

한편 빛의 속력이 무한할 것이라고 주장한 사람도 있다. 알렉산드리아의 헤론

엠페도클레스(Empedocles, B.C.490?~B.C.430?)

은 우리가 눈을 뜨자마자 별을 볼 수 있으므로 별빛의 속력은 무한하다고 주장했다.

물리군 너무 오래전의 이야기네요.

정교수 그렇다네. 17세기에 들어와서는 케플러가 텅 빈 우주에는 장애물이 없으므로 빛의 속력이 무한하다고 주장했지. 철학자 데카르트 역시 빛의 속력이 무한하다고 믿었어. 그러나 모든 과학자들이 빛의 속력이 무한하다고 생각한 건 아니었네.

갈릴레이는 멀리 떨어진 두 곳에서 빛을 주고받아 그 왕복 시간을 잴 수 있다면 빛의 속력을 측정할 수 있다고 생각했다. 갈릴레이와 그의 조수는 각각 램프와 램프 덮개를 챙겨 서로 1마일 정도 떨어진 산봉우리에 올라갔다. 먼저 갈릴레이가 램프에 씌운 덮개를 벗기면 빛이 조수를 향해 나아간다. 조수가 그 빛을 본 순간 램프의 덮개를 벗긴다. 이번에는 갈릴레이가 조수의 램프의 빛을 보게 된다. 갈릴레이는 이때 걸린 시간을 측정하면 빛의 속력을 알 수 있을 거라 여겼다. 하지만 빛이 너무 빨라 실험은 결국 실패로 돌아갔다.

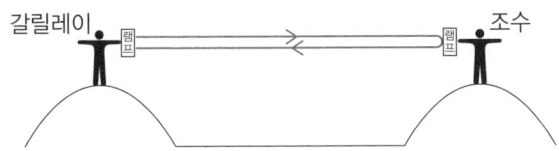

정교수 이렇게 빛의 속력을 측정하기 전까지는 빛의 속력이 유한하

다는 설과 무한하다는 설이 대립되었지.

물리군 빛의 속력을 측정하게 된다면 이 논쟁은 끝이 나겠군요. 그런데 왜 그 당시에는 빛의 속력을 측정할 수 없었던 거죠?

정교수 너무 빠르기 때문이야. 속력은 거리를 시간으로 나눈 값인데 빛은 너무 짧은 시간 동안 너무 긴 거리를 움직이기 때문이었네. 하지만 이 문제를 극복하고 뢰메르는 1676년 최초로 빛의 속력을 측정했어. 이제 그에 대해 이야기하겠네.

뢰메르는 1644년 덴마크의 오르후스에서 태어났다. 그는 1662년 코펜하겐 대학교에 입학하였고 복굴절 현상을 발견한 지도교수 바르톨린으로부터 광학을 배웠다. 바르톨린 교수는 뢰메르에게 천문학자 튀코 브라헤의 전기를 쓰는 일을 도와 달라고 했다. 1671년 프랑스의 장 피카르가 튀코 브라헤에 대한 연구를 하기 위해 코펜하겐 대학교를 방문했을 때

뢰메르(Olaus Römer, 1644~1710)

뢰메르는 그의 안내역을 맡았다. 이 인연으로 뢰메르는 1672년 파리의 왕립 천문대에 초청된다. 이때부터 그는 천문대와 집에서 천체 관측에 열중했다.

천문대에서 일하는 뢰메르

이제 뢰메르가 어떻게 최초로 빛의 속력을 측정했는지에 대해 이야기하자. 1675년부터 뢰메르는 목성의 위성 중 하나인 이오의 움직임을 관측했다. 당시에는 목성의 위성 네 개가 갈릴레이에 의해 발견되어 있었다. 네 개의 위성은 목성에서 가까운 것부터 차례로 이오(Io), 유로파(Europa), 가니메데(Ganymede), 칼리스토(Callisto)이다. 뢰메르는 이오가 목성 뒤로 숨는 시각을 이용해 빛의 속력을 측정했다.

물리군　잘 이해가 안 돼요.

정교수　이제부터 그림으로 설명해 보겠네. 우선 지구는 태양 주위를 공전하고, 이오는 목성 주위를 공전한다는 것을 기억해 두게.

지구가 태양 주위를 공전하다 보면 지구와 목성의 거리가 제일 가까울 때도 있고 제일 멀어질 때도 있다. 뢰메르는 목성과 지구가 제일 가까울 때 이오가 목성 뒤로 숨기 시작하는 시각을 측정했다. 그 시각을 t_1이라고 하자.

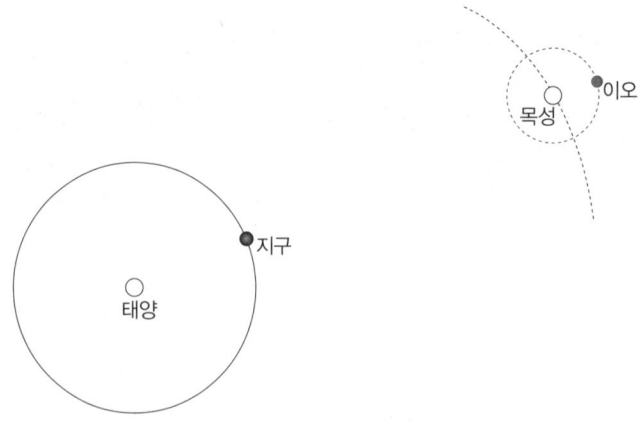

또한 뢰메르는 목성과 지구가 제일 멀리 떨어져 있을 때 이오가 목성 뒤로 숨기 시작하는 시각을 측정했다. 그 시각을 t_2라고 하자.

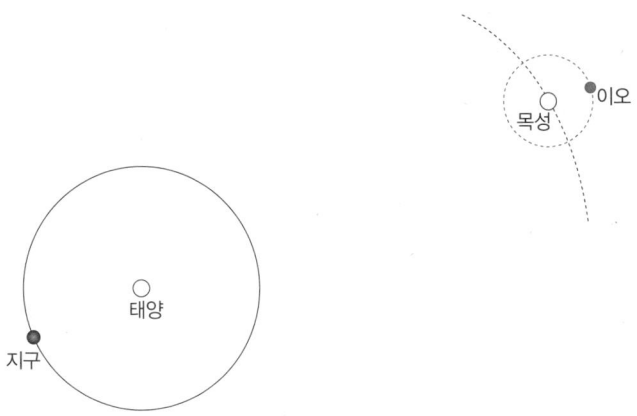

물리군 t_2가 t_1보다 크겠군요.

정교수   목성과 지구가 멀어졌으니까. 뢰메르는 두 시각의 차이를 22분으로 측정했어. 이번에는 다음 그림을 보게.

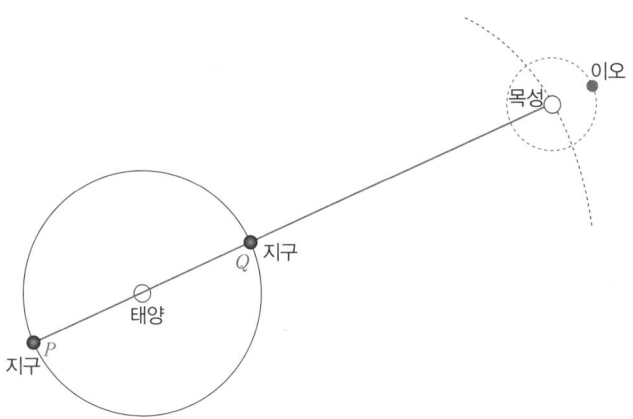

이 22분은 그림에서 빛이 $\overline{PQ}$를 이동하는 데 걸린 시간이다. 빛의 속력을 c라고 두면

(빛이 $\overline{PQ}$를 이동하는 데 걸린 시간) $= 22$(분)
$$= \frac{2 \times (\text{태양과 지구의 거리})}{c}$$

가 된다. 이 관계로부터 뢰메르는 빛의 속력을 다음과 같이 측정했다.

$$c = 220000000 (\text{m/s})$$

물리군 뢰메르처럼 천체를 이용하지 않고 지상의 실험실에서 빛의 속력을 측정할 순 없나요?

정교수 물론 가능해. 지상의 실험실에서 빛의 속력 c를 최초로 측정한 과학자는 프랑스의 피조였지. 피조의 방법을 한번 살펴보세.

피조(Armand Hippolyte Louis Fizeau, 1819~1896)

피조는 갈릴레이의 방법을 쓰면서도 시간을 정확하게 측정할 수 있는 방법을 생각했다. 피조의 실험 장치는 다음 그림과 같다.

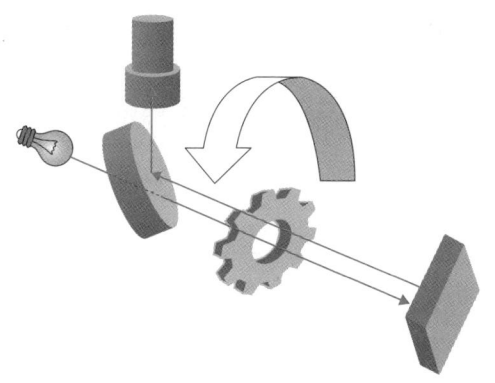

피조의 실험 장치는 광원, 반투명거울, 관측 장비, 회전하는 톱니바퀴와 멀리 떨어진 거울로 이루어져 있다. 피조는 빛이 톱니바퀴의 홈 부분을 통과해서 거리 L만큼 떨어진 거울에 반사되어 톱니바퀴로 되돌아오도록 장치를 고안했다. 그리고 톱니바퀴가 회전하면서 빛이 나갈 때 홈이었던 부분이 이빨로 바뀌는 시각을 측정한다면 빛의 속력을 잴 수 있다고 생각했다.

물리군 조금 더 자세히 설명해 주세요.

정교수 빛이 거울에서 반사되어 되돌아올 때까지 이동한 거리는 $2L$이야. 이 시간은 톱니바퀴가 홈에서 이빨로 회전한 시간이 되네. 이 시간을 T라고 하면

$$(\text{빛의 속력}) = \frac{2L}{T}$$

이 된다네.

물리군 T를 어떻게 측정하나요?

정교수 피조는 일정한 속력으로 회전하는 톱니바퀴를 이용했어. 식을 이용해 자세히 알아볼까?

이 톱니바퀴가 1초에 f번 회전한다고 하면 1회전 하는 데 걸리는 시간은 $\frac{1}{f}$이 된다. 톱니바퀴의 이빨의 개수를 N이라고 하면 홈의 개수도 N이다. 따라서 이빨에서 그다음 이빨까지 회전하는 것은 $\frac{1}{N}$회전이 된다. $\frac{1}{N}$회전에 걸린 시간을 t라고 하면

$$(1\text{회전}) : \frac{1}{f} = \left(\frac{1}{N}\text{회전}\right) : t$$

가 되어

$$t = \frac{1}{fN}$$

이 된다. 우리가 구해야 하는 시간은 홈에서 이빨로 회전한 시간이므로

$$T = \frac{t}{2} = \frac{1}{2fN}$$

이 된다. 따라서 빛의 속력은

$$c = \frac{2L}{T} = 4LfN$$

이 된다. 피조가 실험에서 사용한 데이터는 다음과 같았다.

$$L = 8633(\text{m})$$
$$f = 12.6(\text{회}/\text{초})$$
$$N = 720$$

이 데이터를 통해 피조는 빛의 속력을 다음과 같이 구했다.

$$c = 315000(\text{km}/\text{s})$$

물리군   뢰메르의 경우보다 더 큰 값이 되었군요.

정교수   이것은 당시이 측정에 오차가 많아서 그런 거야. 현재 정밀한 관측에 의한 빛의 속력은 다음과 같아.

$$c = 299792458(\text{m}/\text{s}) = \text{약}\ 300000(\text{km}/\text{s})$$

에테르 논쟁 _ 잘은 모르지만 존재해야만(?) 한다

정교수   빛의 속력이 측정되어 빛의 속력은 유한하다는 것이 입증되었지. 그 이후 물리학자들은 에테르 문제에 빠져들게 되네.

물리군   에테르가 뭔가요?

정교수   첫 번째 만남에서 잠깐 다룬 이야기를 꺼내볼게. 고대 그리스 시대에 아리스토텔레스는 천상계의 천체들이 무한한 운동을 할 수 있으며 이들은 지상계의 4원소와는 다른 제5원소로 이루어져 있다고 주장했지.

물리군   기억나요.

정교수   에테르는 고대 그리스어인 aether 또는 ether라고 쓰네.

물리군   그럼 제5원소 이론이 다시 부활한 건가요?

정교수   그렇지는 않아. 물리학자들이 새로운 용어를 만들 때는 과거의 역사를 참고하는 것뿐이야.

물리군   제5원소와는 다른 개념이군요.

정교수   그렇지. 그런데 자네 입자와 파동의 차이는 알고 있나?

물리군   입자는 당구공처럼 움직이는 물체예요. 그리고 돌멩이를 물에 던지면 동심원 모양의 파문이 만들어지는데 그게 파동이라고 배웠어요.

정교수   그 정도로만 알고 있으면 돼. 과학자들은 오랫동안 빛이 입자인지 파동인지 궁금해했어. 그 역사부터 살펴볼 거야.

빛이 입자라는 것은 기원전 6세기경에 피타고라스가 최초로 주장했다. 피타고라스 정리로 유명한 그는 우리가 물체를 본다는 것이 물체 속에서 튀어나온 어떤 알갱이가 우리 눈에 부딪히기 때문이라고 생각했다. 피타고라스의 생각은 뉴턴에게 큰 영향을 주었고, 뉴턴은 빛을 입자들의 모임이라고 생각하는 빛의 입자설을 주장했다. 뉴턴은 이를 근거로 빛의 반사, 굴절 등을 설명하는 데 성공했다.

뉴턴이 빛의 입자설을 주장하던 시대에 그와는 반대로 빛은 입자가 아니라 파동이라고 주장한 사람들도 있었다. 네덜란드의 하위헌스는 빛의 파동설을 최초로 주장했고, 19세기 초 영국의 영(Thomas Young, 1773~1829)과 프레넬(Augustin Jean Fresnel, 1788~1827)의 실험에 의해 19세기에는 빛의 파동설이 지배적이었다.

물리군 왜 파동설이 이긴 거죠?

정교수 입자설로는 빛의 간섭이나 회절과 같은 현상을 설명할 수가 없었기 때문이었네. 반면 파동설로는 빛의 모든 성질을 설명할 수 있었지.

물리군 빛의 파동설 때문에 에테르가 등장하는 건가요?

정교수 그렇네. 우선 파동의 정의를 알아야 해.

물질의 어떤 부분에서 일어난 진동이 인접한 부분으로 차례로 전파되어 나가는 현상을 파동이라 하고 파동을 전파하는 물질을 매질이라고 부른다.

물리군 수면파의 매질은 물이고 지진파의 매질은 암석이고 음파의 매질은 공기이겠군요. 그렇다면 빛의 매질은 무엇인가요?

정교수 물리학자들은 빛의 매질을 에테르라고 불렀네. 즉, 에테르의 진동이 빛이라는 파동을 전파한다고 생각한 것이지. 물리학자들은 빛이 우주 전체에 퍼져 있으므로 에테르도 우주 전체에 퍼져 있다고 생각했어.

물리군 에테르는 눈에 보이나요?

정교수 그렇지 않아. 물리학자들은 에테르를 눈에 보이지 않는 물질이라고 생각했어. 그런데 에테르의 도입에는 다소 문제가 생겼지.

물리군 어떤 문제인가요?

정교수 파동은 단단한 매질을 지날 때 더 빨라진다네. 예를 들어 음파(소리)의 속력은 공기 중에서는 초속 340m 정도지만 물속에서는 초속 1500m, 철 속에서는 초속 5950m가 되지.

물리군 빛의 속력이 초속 30만km라는 어마어마하게 빠른 속력이니까 빛의 매질인 에테르는 엄청나게 단단해야겠군요.

정교수 그 점이 바로 문제였어. 우주에 이렇게 단단한 에테르가 채워져 있으면 우주 속에 있는 지구나 화성 같은 행성이 어떻게 이 단단한 매질 속을 움직일 수 있을까? 또 우리가 숨 쉬는 대기도 에테르로 가득 차 있을 텐데 우리는 단단한 물질의 저항을 전혀 못 느끼지 않는가?

물리군 그렇겠네요. 그럼 물리학자들은 이 문제를 어떻게 해결했나요?

정교수 물리학자들은 에테르에 대해 다음과 같이 약간 궤변에 가까운 가정을 했네.

에테르는 우주 전체에 퍼져 있고 매우 단단하지만 지구나 태양, 사람과 같은 물질을 자유롭게 통과하므로 물질은 운동할 때 에테르의 저항을 받지 않는다.

물리군 조금은 억지스럽군요.

정교수 에테르가 존재하는가에 대한 논란이 있었지만, 아인슈타인이 등장하기 전까지 대부분의 물리학자들은 에테르의 존재를 믿었다네.

마이컬슨 · 몰리의 실험 _ 에테르를 찾아보자!

물리군 그럼 에테르를 발견했나요?

정교수 에테르를 찾으려는 실험을 했지. 이 실험은 1887년 미국의 마이컬슨과 몰리에 의해 이루어졌어. 마이컬슨에 대해 좀 더 알아보도록 하겠네.

마이컬슨은 프로이센의 슈트렐노에서 태어났다. 그의 가족은 그가 두 살 때 미국 캘리포니아의 작은 광산 마을인 머피스캠프로 이민을 갔다. 마이컬슨은 1869년 그의 나이 17살 때 해군사관학교에 입학해 1873년 졸업 후 2년 동안 바다에서 근무하였다. 1879년에는 해군사관학교에서 물리와 화학을 가르쳤다. 이때부터 마이컬슨은 빛의 속력을 측정하는 실험에 빠져 있었다. 그가 측정한 빛의 속력은 다음과 같다.

(공기에서 빛의 속력) = 299864 ± 51(km/s)

(진공에서 빛의 속력) = 299940(km/s)

마이컬슨(Albert Abraham Michelson, 1852~1931, 1907년 노벨 물리학상 수상)

몰리(Edward Williams Morley, 1838~1923)

마이컬슨은 과학에 전념하기 위해 해군사관학교의 교수직을 관두었다. 그리고 클리블랜드에 있던 케이스 공과대학의 교수가 되었다. 이때 마이컬슨은 몰리를 만났고, 함께 에테르의 존재를 밝히는 실험을 하게 된다.

정교수 마이컬슨·몰리의 실험 장치에 대한 이야기는 조금 뒤에 하기로 하고 먼저 필요한 물리를 되짚어 보세.

자네가 달리기를 하는데 강풍이 자네의 뒤에서 불어오는 경우를 생각해 보게. 바람이 안 불 때 자네의 속도를 V라 하고 강풍의 속력을 U라고 하겠네. 그러면 강풍이 자네의 뒤에서 불어오니까 강풍의 운동 방향과 자네가 달리는 방향이 같아. 그러므로 이 경우 자네의 속도는 강풍 때문에 변하게 되지.

물리군   강풍 때문에 빨라지겠군요.

정교수   그렇지. 그러므로 강풍이 뒤에서 불어올 때 자네의 속도는 속도 덧셈 규칙에 따라 $V + U$가 되네. 이번에는 강풍이 앞에서 불어오는 경우를 생각해 보게.

물리군   이때는 느려지겠네요.

정교수   맞아. 강풍의 운동 방향이 자네가 달리는 방향과 반대이므로 강풍의 속도는 $-U$가 되네. 그러므로 강풍이 앞에서 불어올 때 자네의 속도는 $V - U$가 되지.

물리군   마이컬슨과 몰리는 속도 덧셈 규칙을 이용했나요?

정교수   그렇네. 마이컬슨과 몰리는 우주가 에테르라는 물질로 차 있으므로 에테르의 움직임이 관찰될 거라 여겼지.[3]

물리군   강물처럼 말인가요?

정교수   적절한 비유군!

마이컬슨과 몰리는 에테르의 흐름 속에서 빛의 속력이 달라진다면 그것은 에테르의 존재를 증명하게 되는 거라고 믿었다. 에테르의 흐름 대신 강물의 흐름으로, 빛의 움직임 대신 배를 타고 가는 경우로 비유해 보겠다. 다음 그림을 보자.

---

3) 에테르는 정지해 있지만 우리는 에테르 속에서 움직이는 지구에 살고 있기 때문에 에테르가 움직이는 것으로 관측하게 된다. 차를 타고 달리면 가로수가 뒤로 움직이는 것처럼 관찰되듯 말이다.

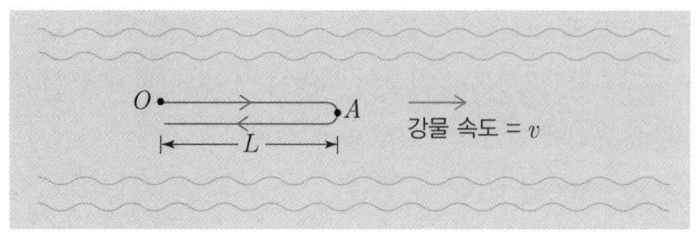

강물이 오른쪽으로 속도 v로 흐를 때 배가 O에서 A로 왕복하는 경우를 생각하자. OA의 길이를 L이라 하고 배의 속도는 c라고 하자. 이때 배가 왕복하는 데 걸린 시간을 구해 보자.

정교수 배가 A로 갈 때 속도는 얼마인가?

물리군 $c + v$가 되네요.

정교수 A에서 O로 돌아올 때 속도는?

물리군 $c - v$가 되는군요.

정교수 배가 길이 L만큼 떨어진 A로 갈 때 걸린 시간은

$$(\text{갈 때 걸린 시간}) = \frac{L}{c + v}$$

이 되고, A에서 O로 돌아올 때 걸린 시간은

$$(\text{올 때 걸린 시간}) = \frac{L}{c - v}$$

이 되네. 그러므로 배가 왕복하는 데 걸린 시간은

$$(OA \text{ 왕복에 걸린 시간}) = \frac{L}{c+v} + \frac{L}{c-v} = \frac{2cL}{c^2-v^2}$$

이 되지.

물리군 그렇군요.

정교수 이번에는 강물과 수직 방향으로 길이 L을 왕복하는 경우를 보겠네. 다음 그림을 보게.

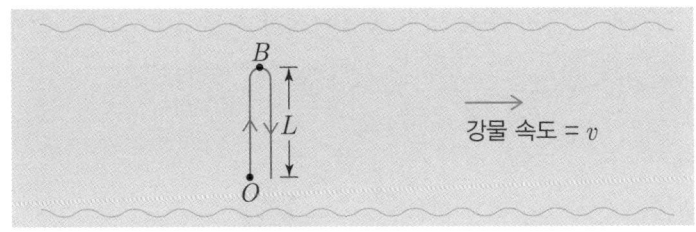

이 경우 배의 속도와 강물의 속도가 더해진 것이 배가 실제로 진행하는 속도가 된다. 그러므로 배가 수직 방향으로 B를 향해 가기 위해서는 다음 그림과 같이 뱃머리를 왼쪽으로 돌려야 한다.

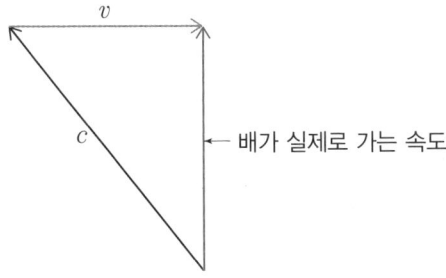

피타고라스 정리에 의해 배가 실제로 가는 속도는 $\sqrt{c^2 - v^2}$이 된다. 이 속도로 거리 $2L$을 움직이므로 이때 왕복에 걸린 시간은 다음과 같다.

$$(OB\ 왕복에\ 걸린\ 시간) = \frac{2L}{\sqrt{c^2 - v^2}}$$

따라서 강물이 오른쪽으로 흐를 때 강물이 흐르는 방향을 따라 왕복한 시간과 강물과 수직 방향으로 왕복한 시간이 다르다는 것을 알 수 있다. 이제 마이컬슨·몰리의 실험 장치를 살펴보자.

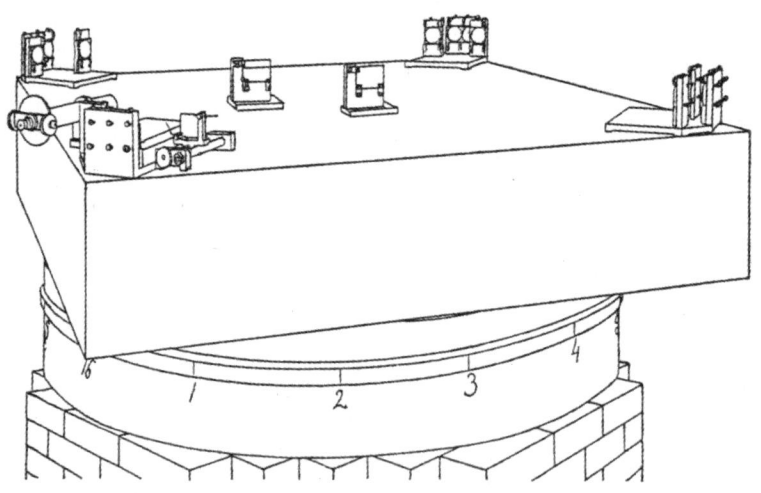

마이컬슨 · 몰리의 실험 장치

물리군 실험 장치가 잘 이해되지 않아요.

정교수 간단히 나타낸 다음 그림을 보게.

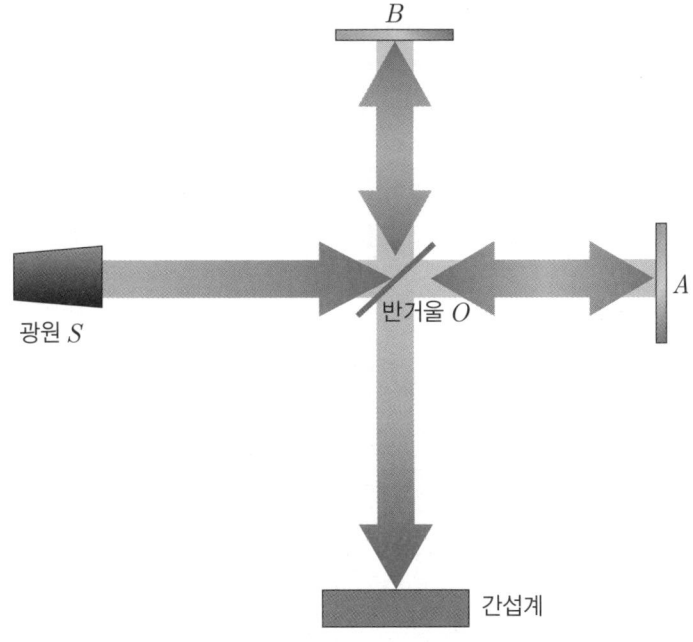

광원에서 나온 빛이 O에 있는 반거울(일부는 투과되고 일부는 반사되는 거울)을 통해 절반은 반사되어 거울 B로 가고 절반은 투과되어 거울 A로 가는 경우를 생각해 보자. 이제 두 거울로 간 빛이 O에 있는 반거울로 되돌아온 후 간섭계에 도달하게 된다.

물리군 간섭계에 빛이 도달하는 시간이 다르겠군요!

정교수 에테르의 흐름이 있다면 그렇게 되지. 조금 전에 설명한 강물을 따라 배가 왕복하는 경우와 강물과 수직인 방향으로 배가 왕복하는 경우에 시간 차이가 생기는 것과 같은 원리라네.

물리군 에테르가 없다면 시간 차이가 생기지 않을 테고요.

정교수 그렇네.

물리군 시간 차이가 생겼는지 안 생겼는지 어떻게 알 수 있나요?

정교수 그게 바로 간섭계가 하는 일이야. 간섭계라는 실험 장치는 동시에 도달한 빛에 대해서는 간섭무늬를 만들지 않지만 서로 다른 시간에 도달한 빛에 대해서는 간섭무늬를 만든다네. 간섭무늬란 빛의 간섭에 의해 밝고 어두운 부분이 교대로 나타나는 무늬를 말하지.

물리군 간섭무늬가 발견되었나요?

정교수 마이컬슨·몰리의 실험에서 간섭무늬는 발견되지 않았네.

물리군 그럼 에테르가 없다는 얘기군요!

정교수 그렇다네.

로런츠 · 피츠제럴드 수축 _ 잘못된 신념이 만들어 낸 억지 이론

정교수　간섭무늬가 발견되지 않았음에도 끝까지 에테르가 있다고 주장한 과학자들이 있어.

물리군　그게 누군가요?

정교수　네덜란드의 물리학자 로런츠와 아일랜드의 물리학자 피츠제럴드가 대표적이야. 이 중 로런츠에 대해 좀 더 이야기하겠네.

　로런츠는 네덜란드의 아른헴에서 태어났다. 1866년에 그는 아른헴에 있는 새로운 형식의 공립고등학교인 고등시민학교(HBS)에 입학한다. 이 학교에서 그는 물리와 수학에 두각을 나타냈을 뿐만 아니라

로런츠(Hendrik Antoon Lorentz, 1853~1928, 1902년 노벨 물리학상 수상)

피츠제럴드(George Francis FitzGerald, 1851~1901)

영어, 불어, 독일어도 공부했다. 고등학교를 졸업한 로런츠는 레이던 대학교에 입학해 물리학을 공부하고, 다시 고향인 아른헴에서 야간학교 교사가 되어 수학을 가르쳤다. 이때 틈틈이 공부해서 빛의 굴절과 반사에 대한 이론으로 박사학위를 받게 된다. 로런츠는 24살의 나이로 레이던 대학교의 이론물리학 전공 교수가 되었다. 그리고 이때부터 전자기파에 대한 이론적 연구를 집중적으로 하게 되었다. 그는 제이만 효과의 이론적인 연구로 1902년에 노벨 물리학상을 받았다.

물리군 간섭무늬가 안 나타났으면 에테르가 없는 건데 두 사람은 왜 에테르의 존재를 계속 믿었죠?

정교수 이 문제에 대해서 피츠제럴드는 한 페이지의 짧은 논문을 《사이언스》에 투고했네. 이 논문에서 그는 간섭무늬가 안 생긴 이유는 실험 기구가 에테르 바람의 방향으로 수축되어 간섭계에 도달한 두 빛이 같은 시각에 도착했기 때문이라는 주장을 했지. 1895년 로런츠 역시 비슷한 생각을 했는데, 그는 빛이 에테르 바람의 방향으로 진행할 때 공간이 축소하는 성질이 있다고 주장했어.

물리군 공간이 축소한다고요?

정교수 로런츠는 마이컬슨·몰리의 실험에서 에테르 바람의 방향으로 빛이 진행할 때 공간이 수축되어 거리 L이 L'으로 변한다고 생각했지. 식을 써서 설명해 볼게.

그러니까 빛이 OA를 왕복하는 시간은

$$(OA \text{ 왕복에 걸린 시간}) = \frac{L'}{c+v} + \frac{L'}{c-v} = \frac{2cL'}{c^2 - v^2}$$

이 된다. 로런츠는 빛이 에테르의 바람과 수직인 방향으로 여행할 때는 공간 수축이 일어나지 않는다고 주장했다. 그러므로 빛이 OB를 왕복하는 시간은

$$(OB \text{ 왕복에 걸린 시간}) = \frac{2L}{\sqrt{c^2 - v^2}}$$

이 된다. 두 시간이 같아야 하므로

$$\frac{2cL'}{c^2 - v^2} = \frac{2L}{\sqrt{c^2 - v^2}}$$

이 된다. 즉

$$L' = \sqrt{1 - \frac{v^2}{c^2}} \times L$$

이 되어 빛이 에테르 바람의 방향으로 진행할 때 거리가 축소한다. 이 현상을 로런츠·피츠제럴드 수축이라고 부른다.

물리군 조금 억지스러운데요.

정교수 에테르의 존재를 너무 철저하게 믿었기 때문에 이런 억지스러운 이론을 만들게 된 거라네.

마흐의 역학 비판 _ 시간이 먼저냐 운동이 먼저냐

정교수 아인슈타인에게 큰 영향을 준 과학자이자 철학자가 있어.

물리군 그게 누군가요?

정교수 바로 오스트리아의 물리학자 마흐야. 그는 어떤 인물이었는 지 한번 살펴볼까?

마흐는 14살까지 집에서 아버지에게 교육을 받다가 잠시 고등학 교에 다닌 뒤 17살에 오스트리아 빈 대학교에 입학했다. 그는 1860 년 물리학 박사학위를 받고 1864년까지 빈에서 물리학을 가르치다 가 그라츠 대학교로 옮겨 수학 교수가 되었다. 마흐는 물리뿐만 아니 라 감각의 심리학과 생리학에 관한 연구도 많이 했다. 그는 1867년 그라츠를 떠나 프라하에 있는 찰스 대학교의 실험물리학 교수가 되

마흐(Ernst Mach, 1838~1916)

세상에서 가장 쉬운 과학 수업 **특수상대성이론**

었다. 이곳에서 마흐는 음파와 초음파에 대한 연구를 했다.

　1886년 그는 저서 《감각의 분석》에서 모든 지식은 감각에서 나오기 때문에 과학적인 관찰로 얻은 현상들은 오직 그 현상을 관찰할 때의 경험이나 '감각'을 통해서만 이해할 수 있다고 주장했다. 즉, 과학에 있어서 어떠한 설명도 실험을 통해 검증할 수 없으면 결코 받아들일 수 없다는 주장이었다. 이러한 생각을 통해서 마흐는 뉴턴 역학을 비판했다.

물리군　뉴턴 역학을 비판했다는 게 무슨 말인지 모르겠어요.

정교수　시간과 공가에 대해 뉴턴은 절대시간과 절대공간이 있다고 믿었어. 다시 말해 뉴턴은 물체의 공간적 배치나 운동과 무관하게 한결같이 흐르는 절대시간이 있으며, 또 모든 물체에 대해 완전히 정지해 있는 절대공간이 있다고 믿었지. 그리고 그의 운동법칙이 이 공간에서만 성립한다고 생각했네. 즉, 시간과 공간은 절대적이지만 운동법칙은 절대적인 것이 아니라는 뜻이지.

　뉴턴은 유명한 저서 《자연철학의 수학적 원리(프린키피아)》에서 절대시간을 다음과 같이 정의했다.

　절대시간은 외부의 어떤 것에도 영향을 받지 않고 균일하게 흐른다. 한편 우리가 사용하는 시간은 절대시간의 상대적인 겉보기이고 물체의 운동에 의해 측정된다.

뉴턴은 우주의 어떤 곳에서도 절대시간은 같은 시각을 가리킨다고 생각했다. 또한 그는 물질이 없는 공간에도 물리법칙이 있다고 생각했다. 그리고 이 공간을 절대공간이라고 불렀다. 뉴턴이 살던 시대만 하더라도 우주가 태양계(토성까지)와 별들이 붙어 있는 천구 정도였으므로 뉴턴은 별이 절대공간에 대해 정지해 있다고 생각했다. 그는 우주 전체에 대해 정지해 있는 좌표계가 절대공간에 고정된 좌표계라 보았으며 이 좌표계를 절대좌표계라고 불렀다. '뉴턴의 절대공간을 어떻게 볼 수 있는가'라는 물음에 대해 뉴턴은 다음과 같은 물통 실험을 제안하였다.

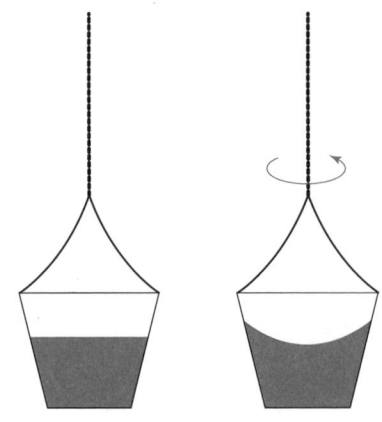

물통에 물을 넣어 중심축에 대해 물통을 회전시키면 중심축에서 먼 쪽의 수면이 높아지고 중심 쪽의 수면은 낮아진다. 뉴턴은 이 실험에 대해 물통이 절대공간에 대해 회전하기 때문이라고 생각했다.

물리군 그러면 마흐는 절대시간과 절대공간을 비판한 건가요?

정교수 맞아. 마흐는 1883년 《역학의 발달》이라는 책에서 뉴턴의 절대시간을 다음과 같이 비판했어.

물체의 운동을 시간에 따라 측정한다는 것은 불가능하며 시간은 물체의 운동으로부터 우리가 도입한 개념이다.

《역학의 발달》

마흐의 이야기는 우리 주변의 세상이 하나도 변하지 않는다면 거기에서 시간은 아무 의미도 갖지 않는다는 말이다. 만일 주변의 모든 물체가 정지해 있고 생명의 탄생과 죽음도 없다면 과연 우리가 시간이 흐른다는 것을 느낄 수 있겠는가? 결국 닭이 먼저냐 달걀이 먼저냐 하는 논쟁처럼 시간이 먼저냐 운동이 먼저냐 하는 질문에 대해 뉴턴은 시간이 먼저라고 생각했고 마흐는 운동이 먼저라고 생각한 셈이다. 뉴턴의 이론에 대해 마흐는 질량, 속도, 힘과 같은 모든 물리량은 상대적인 것이고 절대적인 양은 존재하지 않는 상상의 산물이라 주장하였다. 마흐는 뉴턴의 물통 실험에서 수면의 가운데가 움푹 들어간 것은 물통이 다른 물체에 대한 상대적 회전을 하기 때문이며, 우주의 모든 물체를 다 넣은 물통을 회전시키면 주변은 정지해 있을 때처럼 평평할 것이라고 하였다.

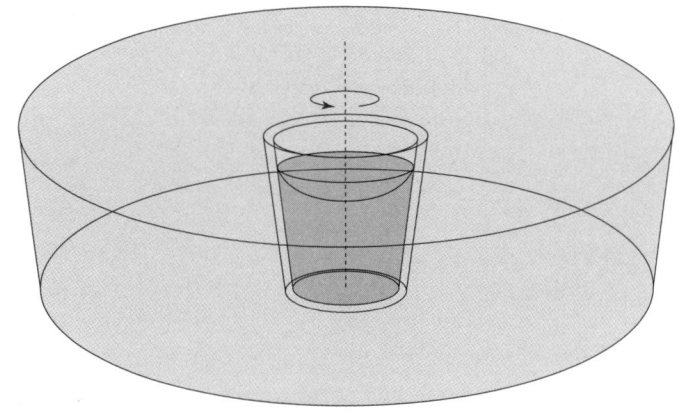

즉, 마흐는 뉴턴 역학에서 얘기하는 절대시간, 절대공간은 존재하지 않는 공상의 산물이며 시간과 공간은 상대적으로 존재할 뿐이라고 주장했다. 마흐의 뉴턴 역학에 대한 비판은 후일 아인슈타인의 특수상대성원리에 큰 영향을 끼치게 된다. 실제로 아인슈타인은 대학생 때 마흐의《역학의 발달》을 즐겨 읽었다.

아인슈타인의 학창 시절 _ 천재성을 꽃피운 환경의 중요성

정교수 이제 드디어 아인슈타인이 등장할 차례야. 영웅 아인슈타인의 어린 시절을 먼저 이야기해야겠네.

아인슈타인은 1879년 3월 14일 독일 남부의 울름이라는 작은 도시에서 유태인으로 태어났다. 그의 아버지 헤르만은 엔지니어로 영업 일도 함께 했는데, 1880년 불황이 닥치면서 사업에 실패해 독일 남부 최대 도시인 뮌헨으로 이사한다. 그래서 아인슈타인에게 울름에 대한 기억은 거의 없다. 1881년 헤르만과 아인슈타인의 삼촌인 야곱은 발전기, 전기기기, 아크등을 만드는 작은 회사를 차렸다. 어린 시절 아인슈타인은 아버지가 선물로 사준 나침반의 바늘이 항상 북쪽을 가리키는 것을 신기해하면서 과학에 관심을 가지게 되었다.

아인슈타인(Albert Einstein, 1879~1955,
1921년 노벨 물리학상 수상)

1882년의 아인슈타인

아인슈타인은 5살 때 뮌헨의 초등학교에 입학해 3년 과정을 마치고, 8살이 되었을 때 9년제 교육기관인 루이트폴드 김나지움(현재는 알베르트 아인슈타인 김나지움)에 입학한다. 그는 삼촌에게 수학을 배우고, 엄마에게 음악을 배웠다.

12살 때 아인슈타인은 대수학과 기하학을 독학하고, 피타고라스 정리를 스스로 증명할 정도로 수학을 좋아했다. 그는 공부하는 것을 즐겨 14살 때는 미적분을 이해하게 된다.

물리군 김나지움은 몇 살 때 졸업하나요?

정교수 졸업을 못했어.

물리군 그건 왜죠?

정교수 아인슈타인은 독일식 규율을 중시하는 김나지움의 교육 방식을 싫어했거든.

자기가 읽고 싶어 하는 책만을 읽고 혼자 조용히 생각에 잠기기를 좋아하던 아인슈타인에게 독일 김나지움에서의 수업은 견디기 힘든 과정이었다. 게다가 김나지움의 교사들이 아인슈타인과 같은 유태인을 경멸했기 때문에 그는 학교생활에서 외톨이가 되었다. 아인슈타인은 회고록에서 이 시절을 다음과 같이 표현하고 있다.

"학교가 공포, 권력, 권위에 의해 운영되는 것만큼 나쁜 일은 없다. 이것은 학생들의 건강한 감정과 자신감을 깨뜨려 버린다. 이런 교육은 결국 비굴한 국민을 만들 것이다."

– 아인슈타인

15살이 되던 해 아버지의 사업이 실패해 아인슈타인만 뮌헨에 남은 채, 가족들은 모두 이탈리아 밀라노로 이사를 갔다. 이때부터 아인슈타인의 우울감은 극도에 달하게 되었고, 학교를 자주 빠지게 되었다. 그해 말 아인슈타인은 학교를 자퇴하고 밀라노의 가족에게로 갔다.

물리군 아인슈타인은 고교 중퇴생이군요. 그럼 대학은요?

정교수 1895년 아인슈타인은 스위스의 명문 대학인 취리히 연방공과대학(ETH) 입학시험을 치렀지만 떨어졌네. 수학과 물리학에서는 높은 점수를 얻었지만 다른 과목의 점수가 낮아 떨어진 거야. 하지만 아인슈타인의 물리학과 수학 답안지를 본 ETH 학장 헤르츠 오크는 그에게 취리히 근교에 있는 아라우 고교에서 1년 더 공부한 후 재도전을 해보라고 권했네.

1893년의 아인슈타인

아인슈타인은 아라우에서 행복하게 공부했다. 이 시절이 그에게 얼마나 행복했는지는 다음 말을 보면 알 수 있다.

"이 학교는 내게 너무나 인상적이다. 학교에는 자유의 정신이 있고 교사들은 권위에 의존하지 않고 사려가 깊다."

– 아인슈타인

1년간의 재수 끝에 1896년 아인슈타인은 연방공과대학의 수학물리교육학과[4]에 입학했다. 대학 시절 아인슈타인의 주 관심은 맥스웰에 의해 멋있게 수학으로 정리된 전기자기학과 유클리드의 평면기하학을 휘어진 면에서의 기하학으로 일반화한 리만기하학이었다. 이 중 전기자기학에 대한 관심은 후일 아인슈타인의 특수상대성원리 및

---

4) 우리나라로 얘기하면 사범대학 물리교육과와 수학교육과를 합친 학과이다.

1912년 밀레바 마리치와 아인슈타인

4차원 시공간에 대한 연구로 이어졌고, 휘어진 면에서의 리만기하학은 일반상대성원리에 대한 연구의 동기가 되었다.

1900년 연방공과대학을 졸업하고 2년 동안 실업자였던 아인슈타인은 1902년 6월 24일 스위스의 수도 베른의 특허국 공무원으로 취직한다. 당시 아인슈타인은 업무를 오전에 다 해결하고 오후에는 자신이 관심이 있는 물리 연구를 계속했다. 1903년 그는 같은 과 졸업생이며 자기보다 4살 연상인 세르비아 출신의 밀레바 마리치와 결혼한다.

베른에서 특허국 공무원으로 있는 동안 아인슈타인은 솔로비누(Maurice Solovine), 하비히트(Conrad Habicht) 그리고 아내 밀레바와 함께 '올림피아 아카데미'라는 토론 동아리를 만들었다. 그들은 거의 매일 밤 함께 모여 철학, 과학, 문학에 대해 토론했다.

그로부터 4년 뒤에 아인슈타인은 드디어 20세기의 가장 위대한 논문인 특수상대성원리에 관한 논문을 발표했다. 이때부터 그는 세상 사람들의 주목을 받게 된다. 특수상대성이론을 발표한 후 아인슈

하비히트, 솔로비누와 아인슈타인

타인은 10여 년 동안 계산에 매달려 1915년 우주의 신비를 벗기는 이론인 일반상대성이론을 발표한다. 일단 아인슈타인의 이야기는 여기서 멈추기로 하자.

물리군   1905년 이후의 아인슈타인 이야기는 왜 안 들려주세요?

정교수   그것은 아인슈타인의 일반상대성이론에 관한 책에서 얘기하도록 하지.

물리군   네. 기대할게요.

세 번째 만남

논문 속으로
1부

특수상대성이론 논문의 개요 _ 혁명적인 두 가지 가설

물리군 아인슈타인의 특수상대성이론 논문은 1부와 2부로 구성되어 있군요! 각 부는 어떤 내용을 다루고 있나요?

정교수 아인슈타인은 에테르의 존재를 믿지 않았네. 그리고 혁명적인 두 가지 가설을 제시하지.

물리군 어떤 가설인가요?

정교수 하나는 광속도 불변의 원리인데 등속도로 움직이는 관찰자나 정지한 관찰자나 광속을 같게 관찰하게 된다는 원리야.

물리군 빛이 갈릴레이의 속도 덧셈 규칙을 따르지 않는다는 주장이군요.

정교수 그렇다네. 두 번째는 역학과 전기자기학에 대한 물리 현상은 정지한 관찰자에게나 등속도로 움직이는 관찰자에게 똑같은 모습으로 관측된다는 가설이야. 이것을 아인슈타인의 특수상대성원리라고 부르지.

물리군 갈릴레이의 상대성원리는 역학에 국한되어 있는데 아인슈타인의 상대성원리는 역학뿐 아니라 전기와 자기까지 포함시켰군요.

정교수 그렇지. 먼저 논문 1부에 대해 자세히 설명하겠네. 그러기 위해서는 테일러급수라는 수학을 조금 알아야 해.

물리군 처음 들어보는 말인데요?

정교수 대학 1학년 때 배우는 수학 내용인데 고등학교 수학으로도 간단히 설명할 수 있어.

테일러, 함수를 급수로 나타내다 _ 함수를 전개식으로 나타내는 마술

정교수 자! 이제 아인슈타인의 1905년 논문 1부에 대해 해설할 거야. 대학 수학이 조금 들어가지만 자네가 이해할 수 있도록 쉽게 설명해 보겠네.

물리군 도전해 볼게요.

정교수 먼저 영국의 수학자 테일러가 한 함수를 급수로 나타내는 방법부터 알아보도록 하지.

테일러(Brook Taylor, 1685~1731)

테일러는 어떤 연속함수 $f(x)$를 다음과 같은 무한급수로 나타낼 수 있다는 것을 알아냈다.

$$f(x) = a_0 + a_1 x + a_2 x^2 + a_3 x^3 + a_4 x^4 + \cdots \tag{3-2-1}$$

이것을 테일러 전개라 하고, a_0, a_1, a_2, $\cdots$를 테일러 전개의 계수라고 부른다. 식 (3-2-1)은 다음과 같이 쓸 수도 있다.

$$f(x) = \sum_{n=0}^{\infty} a_n x^n \qquad\qquad (3\text{-}2\text{-}2)$$

이제 우리는 테일러급수의 전개 계수를 미분을 이용해서 구하려고 한다. 식 (3-2-1)의 양변에 $x=0$을 넣으면

$$f(0) = a_0$$

가 되어, a_0이 구해진다.

물리군 a_1은 어떻게 구하나요?

정교수 식 (3-2-1)의 양변을 미분하면

$$f'(x) = a_1 + 2a_2 x + 3a_3 x^2 + 4a_4 x^3 + \cdots \qquad (3\text{-}2\text{-}3)$$

이 되네. 이제 상수항은 a_1이 되었어. 식 (3-2-3)의 양변에 $x=0$을 넣으면

$$f'(0) = a_1$$

이 되어, a_1이 구해지지.

물리군 식 (3-2-1)의 양변을 두 번 미분하면 a_2를 구할 수 있겠군요.

정교수 그렇네. 식 (3-2-1)의 양변을 두 번 미분하는 것은 식 (3-2-3)을 한 번 더 미분하는 것과 같아. 그러니까

$$f''(x) = 2 \cdot 1 a_2 + 3 \cdot 2 a_3 x + 4 \cdot 3 a_4 x^2 + \cdots \qquad (3\text{-}2\text{-}4)$$

이 되네. 이 식의 양변에 $x=0$을 넣으면

$$f''(0) = 2 \cdot 1 a_2$$

가 되네.

물리군 한 번 더 미분하면 a_3이 나오겠네요.

정교수 물론이야. 식 (3-2-1)을 세 번 미분하면

$$f^{(3)}(x) = 3 \cdot 2 \cdot 1 a_3 + 4 \cdot 3 \cdot 2 a_4 x + \cdots \qquad \text{(3-2-5)}$$

가 되네. 양변에 $x = 0$을 넣으면

$$f^{(3)}(0) = 3 \cdot 2 \cdot 1 a_3 = 3! a_3$$

이 되네. 그러니까 다음과 같은 사실을 알 수 있어.

$$a_0 = f(0)$$

$$a_1 = f'(0)$$

$$a_2 = \frac{1}{2!} f''(0)$$

$$a_3 = \frac{1}{3!} f^{(3)}(0)$$

$$\vdots$$

일반적으로 테일러 전개의 계수는 다음과 같아.

$$a_n = \frac{1}{n!} f^{(n)}(0)$$

여기서 $f^{(n)}(x)$는 $f(x)$를 n번 미분한 것을 뜻하지.

물리군 모든 계수를 미분만으로 다 결정할 수 있군요.

정교수 　그렇지. 테일러 전개에서 x가 아주 작은 경우를 생각해 보게. 이때 x^2, x^3, …은 훨씬 더 작아지니까 무시할 수 있어. 따라서 근사적으로

$$f(x) \approx f(0) + f'(0)x$$

가 되네. 이것을 테일러 근사식이라고 하지.

정지해 있는 막대기의 길이 재기 _ 빛으로 캐치볼을!

정교수 　아인슈타인의 논문을 이해하려면 먼저 길이를 재는 방법에 대해 알아야 해. 아인슈타인은 불변의 속도를 가진 빛으로 거리를 측정하는 방법을 고민했어. 우선 두 사람 A, B가 캐치볼을 하는 경우를 생각해 보게.

　A와 B는 각자의 손목시계를 차고 있다. 이 두 시계를 A시계와 B시계라고 하자. 이제 A가 B를 향해 공을 던지고 B는 A에게 공을 던지는 경우를 생각해 보자.[5] A가 공을 던진 순간 A시계가 가리키는 시각을 t_A라 하고, B가 공을 받는 순간 B시계가 가리키는 시각을 t_B라고 하자. 또한 공이 다시 A에게 되돌아왔을 때 A시계가 가리키는 시각을 t_A'이

---

5) 실제로는 공을 멈췄다 던져야 하므로 속력이 일정하지 않다. 하지만 여기서는 일정한 속력으로 공이 두 사람 사이를 왔다 갔다 하는 상황을 생각한다.

라고 하자. 이때 공의 속력이 일정하다면 두 사람 사이의 거리를 결정할 수 있다.

물리군   그렇겠군요.

정교수   아인슈타인은 빛이라는 캐치볼을 선택했네. 빛의 속력이 불변이기 때문이야.

물리군   빛으로 어떻게 캐치볼을 하죠?

정교수   다음 그림을 보게.

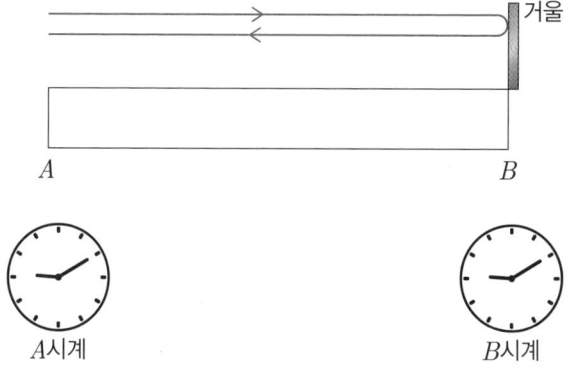

아인슈타인은 막대기의 양 끝점인 두 위치 A, B를 생각했다. 그리고 이 두 위치에 각각의 시계를 설치했다. 각 위치의 시계를 A시계와 B시계라 하고 두 위치 A, B 사이의 거리를 r_{AB}라고 하자.[6] 막대기의 B 부분에는 거울이 있어 빛이 반사된다고 해 보자. 그러면 바로 빛으로 캐치볼을 하는 셈이 된다.

---

6) 아인슈타인은 AB라고 표기했다.

물리군 그렇군요.

정교수 이때 시각은 각 지점에 있는 시계로 측정하네. 그러니까 빛이 출발할 때의 시각과 빛이 도착한 시각은 A시계로 측정하고 빛이 반사되는 시각은 B시계로 측정하는 거지.

물리군 그렇겠네요.

정교수 아인슈타인은 다음과 같이 놓았어.

$$t_A = (\text{빛이 출발할 때의 시각}) \qquad\qquad (\text{A시계로 측정})$$

$$t_B = (\text{빛이 반사되는 시각}) \qquad\qquad (\text{B시계로 측정})$$

$$t_A' = (\text{빛이 도착한 시각}) \qquad\qquad (\text{A시계로 측정})$$

빛이 오른쪽으로 진행해 A에서 B까지 가는 데 걸린 시간은 얼마가 될까?

물리군 $t_B - t_A$이겠군요.

정교수 그럼 반사된 빛이 왼쪽으로 진행해 B에서 A까지 가는 데 걸린 시간은 얼마인가?

물리군 $t_A' - t_B$가 되네요.

정교수 막대기의 길이는 r_{AB}이므로 빛의 속력을 c라고 두면

$$r_{AB} = c(t_B - t_A) \qquad\qquad (3\text{-}3\text{-}1)$$

$$r_{AB} = c(t_A' - t_B) \qquad\qquad (3\text{-}3\text{-}2)$$

가 성립하지.

물리군   (거리) = (시간) × (속력)을 사용한 거군요.

정교수   그렇다네. 식 (3-3-1)과 식 (3-3-2)로부터 아인슈타인은

$$t_A' - t_B = t_B - t_A \qquad\qquad (3\text{-}3\text{-}3)$$

를 얻었어. 이 식을 아인슈타인은 두 시계의 동기화(Synchronization) 조건이라고 불렀네.

물리군   두 시계의 시간을 맞추는 과정이군요.

정교수   그렇지. 식 (3-3-3)으로부터

$$t_B = \frac{t_A' + t_A}{2} \qquad\qquad (3\text{-}3\text{-}4)$$

를 얻을 수 있어. 한편 빛이 왕복한 거리는 $2r_{AB}$이고 이때 걸린 시간을 A시계가 측정하면

$$t_A' - t_A$$

가 되지. 광속은 불변이므로

$$\frac{2r_{AB}}{t_A' - t_A} = c$$

가 된다네.

등속도 v로 움직이는 막대기의 길이 재기 _내가 보는 빛의 이동 거리는?

정교수 이번에는 막대기가 속력 v로 오른쪽으로 움직이는 경우를 생각해 보겠네.

이제 두 사람의 관찰자를 생각하자. 즉, 막대기에 탄 관찰자(움직이는 관찰자)와 정지한 관찰자이다. 그리고 막대기의 출발과 동시에 막대기의 A에서 B로 빛을 쏜 경우를 생각하자. 이제 다음과 같이 놓겠다.

$$t_A = (\text{막대기가 출발한 시각}) = (A\text{에서 빛을 쏜 시각})$$

〈막대기가 움직이기 시작하는 순간〉

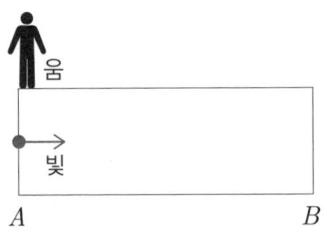

이제 우리는 빛이 B에 도달한 시각을 B시계로 측정해야 한다. 그 시각을 t_B라고 하자. A에서 쏜 빛이 B에 도착하는 것을 두 관찰자는 다음과 같이 보게 된다.

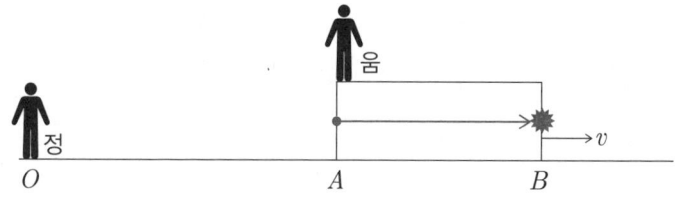

정교수 빛이 B에 부딪힐 때까지 걸린 시간은 얼마인가?

물리군 $t_B - t_A$예요.

정교수 이 시간 동안 막대기가 움직인 거리를 Δ라고 하면

$$\Delta = v(t_B - t_A)$$

가 되네. 따라서 정지한 굔칠자가 볼 때 빛이 이동한 거리는

$$r_{AB} + \Delta = r_{AB} + v(t_B - t_A)$$

가 되지.

물리군 빛이 움직인 거리가 늘어났군요.

정교수 맞아. 이것은 빛이 움직이는 방향과 막대기가 움직이는 방향
이 같기 때문이야. 그러니까 광속도 불변의 원리에 따라

$$c = \frac{r_{AB} + \Delta}{t_B - t_A} = \frac{r_{AB} + v(t_B - t_A)}{t_B - t_A} \tag{3-4-1}$$

가 되네.

이번에는 빛이 되돌아오는 경우를 살펴볼까? 다음 그림을 보게.

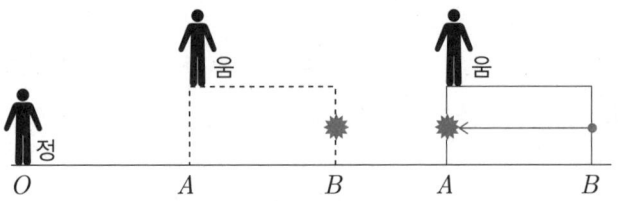

물리군 이번에는 빛이 움직인 방향과 막대기가 움직인 방향이 반대이군요.

정교수 그렇지. 이 시간 동안 막대기가 움직인 거리를 $\varDelta'$이라고 하면

$$\varDelta' = v(t_A' - t_B)$$

가 되네. 그러니까 정지한 관찰자가 볼 때 빛이 이동한 거리는

$$r_{AB} - \varDelta' = r_{AB} - v(t_A' - t_B) \tag{3-4-2}$$

가 되지.

물리군 빛이 움직인 거리가 줄어들었네요.

정교수 맞아. 그러니까 광속도 불변의 원리에 따라

$$c = \frac{r_{AB} - \varDelta'}{t_A' - t_B} = \frac{r_{AB} - v(t_A' - t_B)}{t_A' - t_B} \tag{3-4-3}$$

가 되네. 식 (3-4-1)에서

$$c(t_B - t_A) = r_{AB} + v(t_B - t_A) \tag{3-4-4}$$

가 되므로

$$t_B - t_A = \frac{r_{AB}}{c - v} \qquad (3\text{-}4\text{-}5)$$

가 되네. 마찬가지로 식 (3-4-3)으로부터

$$t_A' - t_B = \frac{r_{AB}}{c + v} \qquad (3\text{-}4\text{-}6)$$

가 되지. 그리고 식 (3-4-5)로부터

$$t_B = t_A + \frac{r_{AB}}{c - v} \qquad (3\text{-}4\text{-}7)$$

가 되네. 이제 식 (3-4-6)과 식 (3-4-7)을 더하면

$$t_A' = t_A + r_{AB}\left(\frac{1}{c - v} + \frac{1}{c + v}\right) \qquad (3\text{-}4\text{-}8)$$

이 되지. 이것이 아인슈타인이 구한 동기화 조건이야.

길이와 시간의 상대성 _ 너와 나의 시간은 다르다

정교수 갈릴레이의 상대성원리에 의하면, 등속도 v로 움직이는 관찰자의 좌표와 정지한 관찰자의 좌표는 달라지네. 물론 이 경우 시간은 두 관찰자에게 달라지지 않아. 그러나 아인슈타인은 광속도 불변의 원리 때문에 두 관찰자의 시간도 달라져야 한다고 믿었어. 정지한 관찰자의 시간 좌표를 t라 하고 등속도 v로 움직이는 관찰자의 시간 좌

표를 τ라고 나타내겠네. 이제 정지한 관찰자의 좌표는 (x, y, z, t)라 쓰고, 움직이는 관찰자의 좌표는 (ξ, η, ζ, τ)라고 쓰면 되네.

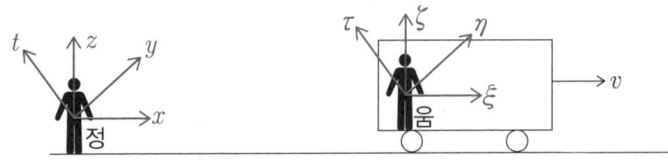

물리군 시간이 달라지고 시간 좌표가 추가되니까 4차원의 세상이 되었어요!

정교수 그렇지. 그래서 뉴턴 역학에서는 공간만 생각했지만 아인슈타인 역학에서는 시간과 공간을 합친 시공간을 고려해야 해. 먼저 아인슈타인은 등속도 v로 움직이는 좌표계에서의 시간과 정지 좌표계에서의 시간을 비교하려고 했어. 다음 그림을 보게. 막대기가 정지한 관찰자에 대해 속력 v로 오른쪽으로 움직이고 있네.

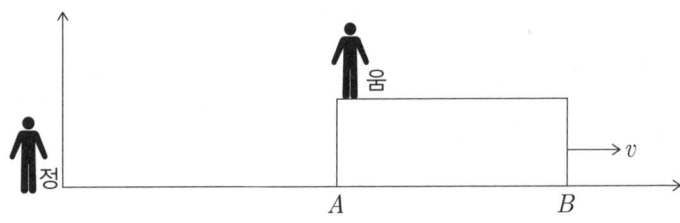

정지한 관찰자의 시계로 시간 t만큼 흐르면 정지한 관찰자가 볼 때 점 A의 위치는 vt가 되지.

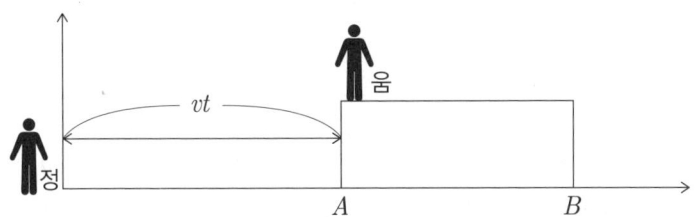

물리군   정지한 관찰자의 시간 t가 0이면 정지한 관찰자가 있는 곳에 막대기의 점 A가 있겠군요.

정교수   맞아. 이제 움직이는 관찰자가 측정한 점 B의 좌표를 x_1이라 하고 두 점을 나타내어 보세. y방향, z방향은 달라지지 않으므로 x방향과 시간 방향만 고려하면 되네.

움직이는 관찰자의 좌표로 두 점을 나타내면 다음과 같다.

점 A: $\xi = 0$

점 B: $\xi = x_1$

반면 정지한 관찰자의 좌표로 두 점을 나타내면 다음과 같다.

점 A: $x = vt$

점 B: $x = vt + x_1$

위 식에서

$$x_1 = x - vt$$

라고 두자. 그러면

점 A: $x_1 = 0$

점 B: x_1

이 된다. 아인슈타인은 움직이는 관찰자의 시간 좌표 τ가 x_1, y, z, t에 의존한다고 생각했다. 즉, 다음과 같다.

$$\tau = \tau(x_1, y, z, t)$$

물리군 τ는 4변수함수가 되네요.

정교수   그렇네. 아인슈타인은 빛이 A에서 나와 B에서 반사되었다가 다시 A로 가는 경우를 생각했지. 정지한 관찰자가 빛이 A에서 나오는 순간의 시각을

$$t_A = t$$

로 측정했다고 하게. 아인슈타인은 함수를 고려하기 위해서 변하는 시간 t를 선택한 거야. 정지한 관찰자가 측정한 반사된 시각은 앞선 논의에 따라

$$t_B = t + \frac{x_1}{c - v}$$

이 되지.

물리군   앞에 나왔던 r_{AB}를 x_1로 두었군요.

정교수   그렇지. 마찬가지로 다시 빛이 A로 되돌아온 시각은

$$t_A{}' = t + \frac{x_1}{c - v} + \frac{x_1}{c + v}$$

이 된다네.

이제 이 시각들을 움직이는 관찰자의 시간 좌표인 τ로 바꾸어 보자.

(빛이 A에서 나오는 시각) = τ_A

(빛이 B에서 반사된 시각) = τ_B

(빛이 A로 되돌아온 시각) = $\tau_{A'}$

τ가 x_1, y, z, t의 함수이므로 우리는 다음과 같은 사실을 알 수 있다.

$$\tau_A = \tau\,(0, 0, 0, t)$$

$$\tau_B = \tau\left(x_1, 0, 0, t + \frac{x_1}{c-v}\right)$$

$$\tau_{A'} = \tau\left(0, 0, 0, t + \frac{x_1}{c-v} + \frac{x_1}{c+v}\right) \tag{3-5-1}$$

아인슈타인은 움직이는 관찰자가 측정한 시각들에 대한 동기화 조건을 요구했다.

$$\frac{1}{2}(\tau_A + \tau_{A'}) = \tau_B$$

이 식을 식 (3-5-1)을 이용해 다시 쓰면 다음과 같다.

$$\frac{1}{2}\left[\tau\,(0, 0, 0, t) + \tau\left(0, 0, 0, t + \frac{x_1}{c-v} + \frac{x_1}{c+v}\right)\right] = \tau\left(x_1, 0, 0, t + \frac{x_1}{c-v}\right) \tag{3-5-2}$$

여기서 통분을 이용하면

$$\frac{1}{c-v} + \frac{1}{c+v} = \frac{c+v+c-v}{(c+v)(c-v)} = \frac{2c}{c^2-v^2}$$

가 된다. 그러므로 식 (3-5-2)를 다음과 같이 쓸 수 있다.

$$\frac{1}{2}\left[\tau(0,0,0,t) + \tau\left(0,0,0,t+\frac{2cx_1}{c^2-v^2}\right)\right] = \tau\left(x_1,0,0,t+\frac{x_1}{c-v}\right)$$

$$(3-5-3)$$

정교수 아인슈타인은 이 식에서 x_1이 상당히 작은 경우를 생각했어. 그리고 테일러 근사를 사용했지. 이번 경우는 앞에서 공부한 테일러 근사보다는 많이 복잡하니까 잘 따라와야 할 걸세.

물리군 네. 바짝 긴장할게요.

정교수 식 (3-5-3)을 보면 y, z는 모두 0이야. 그러므로 함수 τ는 y, z에 의존하지 않아. 즉, $\tau(x_1, t)$가 되네.

따라서 식 (3-5-3)은 다음과 같이 쓸 수 있다.

$$\frac{1}{2}\left[\tau(0,t) + \tau\left(0,t+\frac{2cx_1}{c^2-v^2}\right)\right] = \tau\left(x_1, t+\frac{x_1}{c-v}\right) \qquad (3-5-4)$$

이 식의 좌변을 다음과 같이 변형해 보자.

$$\frac{1}{2}\left[\tau(0,t) + \tau\left(0,t+\frac{2cx_1}{c^2-v^2}\right)\right]$$

$$= \frac{1}{2}\left[\tau(0, t) + \tau\left(0, t + \frac{2cx_1}{c^2 - v^2}\right)\right] - \tau(0, t) + \tau(0, t)$$

$$= \frac{1}{2}\left[\tau\left(0, t + \frac{2cx_1}{c^2 - v^2}\right) - \tau(0, t)\right] + \tau(0, t) \qquad (3\text{-}5\text{-}5)$$

따라서 식 (3-5-4)는

$$\frac{1}{2}\left[\tau\left(0, t + \frac{2cx_1}{c^2 - v^2}\right) - \tau(0, t)\right] + \tau(0, t) = \tau\left(x_1, t + \frac{x_1}{c - v}\right) \quad (3\text{-}5\text{-}6)$$

이 된다. 그리고 이항하면

$$\frac{1}{2}\left[\tau\left(0, t + \frac{2cx_1}{c^2 - v^2}\right) - \tau(0, t)\right] = \tau\left(x_1, t + \frac{x_1}{c - v}\right) - \tau(0, t) \quad (3\text{-}5\text{-}7)$$

가 된다.

이제 식 (3-5-7)의 우변을 다음과 같이 변형하자.

$$\frac{1}{2}\left[\tau\left(0, t + \frac{2cx_1}{c^2 - v^2}\right) - \tau(0, t)\right]$$

$$= \tau\left(x_1, t + \frac{x_1}{c - v}\right) - \tau\left(0, t + \frac{x_1}{c - v}\right) + \tau\left(0, t + \frac{x_1}{c - v}\right) - \tau(0, t)$$

$$(3\text{-}5\text{-}8)$$

차근차근 해 보자. x_1이 아주 작을 때 테일러 근사를 기억한다. 먼저

$$\tau\left(0, t + \frac{2cx_1}{c^2 - v^2}\right) - \tau(0, t)$$

를 보자. τ는 x_1과 t의 함수인 $\tau(x_1, t)$인데 이 경우 x_1은 0으로 변하지 않았다. 수학자들은 두 개의 변수를 가지고 있는 함수 $\tau(x_1, t)$에서 x_1이 변하지 않을 때 이것을 t로 미분하는 것을 t에 대한 편미분이라 하고 $\frac{\partial \tau}{\partial t}$라고 쓴다. 그냥 미분과 구별하기 위한 기호라고 생각하면 된다. 그러니까 테일러 근사에 의해

$$\tau\left(0, t + \frac{2cx_1}{c^2 - v^2}\right) - \tau(0, t)$$

$$\approx \tau(0, t) + \frac{2cx_1}{c^2 - v^2}\left[\frac{\partial \tau}{\partial t}\right] - \tau(0, t)$$

$$= \frac{2cx_1}{c^2 - v^2}\left[\frac{\partial \tau}{\partial t}\right] \tag{3-5-9}$$

가 된다. 이번에는

$$\tau\left(x_1, t + \frac{x_1}{c - v}\right) - \tau\left(0, t + \frac{x_1}{c - v}\right)$$

을 보자. 이번에는 $\tau(x_1, t)$에서 x_1만 변했다. 이 경우 x_1에 대한 편미분을 $\frac{\partial \tau}{\partial x_1}$이라고 쓴다. 그러니까 테일러 근사에 의해

$$\tau\left(x_1, t + \frac{x_1}{c - v}\right) - \tau\left(0, t + \frac{x_1}{c - v}\right) \approx x_1\left[\frac{\partial \tau}{\partial x_1}\right]_{x_1 = 0} \tag{3-5-10}$$

이 된다. 마지막으로

$$\tau\left(0, t + \frac{x_1}{c-v}\right) - \tau(0, t)$$

를 보자. 테일러 근사에 따라

$$\tau\left(0, t + \frac{x_1}{c-v}\right) - \tau(0, t) \approx \frac{x_1}{c-v}\left[\frac{\partial \tau}{\partial t}\right] \tag{3-5-11}$$

가 된다.

식 (3-5-9), (3-5-10), (3-5-11)을 식 (3-5-8)에 넣으면

$$\frac{1}{2}\left(\frac{2cx_1}{c^2 - v^2}\right)\left[\frac{\partial \tau}{\partial t}\right] \approx x_1\left[\frac{\partial \tau}{\partial x_1}\right]_{r_1=0} + \frac{x_1}{c-v}\left[\frac{\partial \tau}{\partial t}\right]$$

가 된다. 이 식을 정리하면

$$\left[\frac{\partial \tau}{\partial x_1}\right]_{x_1=0} + \frac{v}{c^2 - v^2}\left[\frac{\partial \tau}{\partial t}\right] = 0 \tag{3-5-12}$$

이다.[7]

여기서 아인슈타인은 식 (3-5-12)의 해를 다음과 같이 예상했다.

$$\tau = at + bx_1 \tag{3-5-13}$$

이때

7] 이렇게 움직이는 관찰자의 시간이 만족하는 편미분 방정식은 아인슈타인이 처음 시도했다. 하지만 현재 특수상대성이론을 학생들에게 가르칠 때는 이 방법을 거의 사용하지 않는다. 이 책의 목적은 아인슈타인의 오리지널 논문을 소개하는 것이므로 아인슈타인의 방식을 그대로 따랐다.

$$\left[\frac{\partial \tau}{\partial x_1}\right]_{x_1=0} = b$$

$$\left[\frac{\partial \tau}{\partial t}\right] = a$$

가 된다. 그러므로

$$b = -\frac{v}{c^2 - v^2}\, a \qquad\qquad (3\text{-}5\text{-}14)$$

가 된다. 이 식을 식 (3-5-13)에 넣으면

$$\tau = a\left(t - \frac{v}{c^2 - v^2} x_1\right) \qquad\qquad (3\text{-}5\text{-}15)$$

이 된다. 이제 식 (3-5-15)에서 $x_1 = x - vt$를 넣으면

$$\tau = a\left(\frac{c^2}{c^2 - v^2}\right)\left(t - \frac{vx}{c^2}\right) \qquad\qquad (3\text{-}5\text{-}16)$$

가 된다. 아인슈타인은 여기에서

$$a\left(\frac{c^2}{c^2 - v^2}\right) = \frac{a}{1 - \dfrac{v^2}{c^2}}$$

를 이용했다. 그리고 로런츠의 변환식과 비슷한 모습을 만들기 위해

$$\beta = \frac{1}{\sqrt{1 - \dfrac{v^2}{c^2}}} \qquad\qquad (3\text{-}5\text{-}17)$$

이라 두었다. 그러므로

$$\tau = a\beta^2 \left(t - \frac{vx}{c^2} \right)$$

(3-5-18)

가 된다.

물리군 a는 어떻게 구하나요?

정교수 이제 그 이야기를 하려고 해. 움직이는 관찰자가 빛이 τ시간 동안 ξ만큼 이동했을 때 빛의 속력을 측정한다고 생각해 보게. 이때, 다음 관계가 성립하지.

$$c = \frac{\xi}{\tau}$$

또는

$$\xi = c\tau$$

(3-5-19)

이 식에 식 (3-5-15)를 넣으면

$$\xi = ac\left(t - \frac{v}{c^2 - v^2}x_1\right) \tag{3-5-20}$$

이 된다. 이것이 정지한 관찰자에게는

$$x = ct \tag{3-5-21}$$

가 된다.

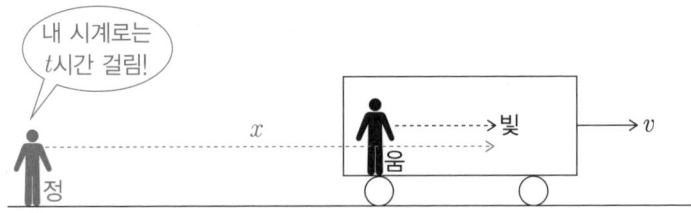

$x_1 = x - vt$를 이용하면

$$x_1 = ct - vt$$

가 되어

$$t = \frac{x_1}{c - v}$$

이 된다. 따라서

$$\xi = ac\left(\frac{x_1}{c - v} - \frac{v}{c^2 - v^2}x_1\right)$$

$$= \left(\frac{ac^2}{c^2 - v^2}\right)x_1$$

이 되고, 이 식은

$$\xi = \frac{ac^2}{c^2 - v^2}(x - vt) \tag{3-5-22}$$

가 된다.

물리군 y나 z방향은 어떻게 변하나요?

정교수 정지한 관찰자의 시간으로 $t = 0$일 때 두 관찰자가 다음 그림처럼 같은 위치에 있었다고 하세.

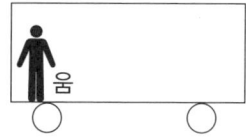

이제 움직이는 관찰자는 등속도 v로 오른쪽으로 달리면서 빛을 바닥으로부터 z방향으로 쏘았다. 움직이는 관찰자에게는 빛이 똑바로 올라가 천장에 부딪히는 걸로 보일 것이다.

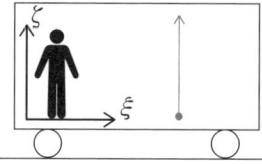

움직이는 관찰자는 자신의 시계로 τ시간 동안 빛이 ζ만큼 진행했다고 기록할 것이다. 물론 빛의 속력은 c이고 그러므로

$$c = \frac{\zeta}{\tau}$$

또는

$$\zeta = c\tau = ac\left(t - \frac{v}{c^2 - v^2}x_1\right) \tag{3-5-23}$$

이 된다.

물리군 그렇군요.

정교수 하지만 정지한 관찰자 입장에서는 빛이 똑바로 올라간 게 아니라 비스듬하게 올라간 걸로 보일 거야. 다음 그림을 보게.

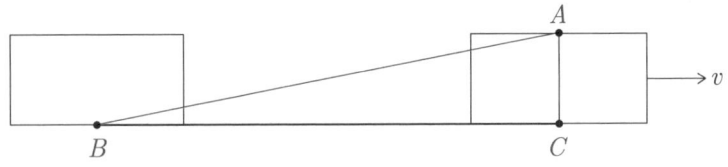

물리군 정지한 관찰자에게는 빛이 B에서 A로 간 것으로 보이겠군요.

정교수 그렇네. 정지한 관찰자에게 빛은 더 긴 거리를 움직인 걸로 보이지.

이제 정지한 관찰자는 자신의 좌표로 점 A를 나타낼 것이다. B를 원점으로 하면 $\overline{BC}$는 정지한 관찰자의 시계로 t시간이 흐르는 동안 속도 v로 간 거리이므로

$$\overline{BC} = vt$$

가 된다. 그러므로 다음과 같이 정지한 관찰자의 좌표계에서 세 점을 나타낼 수 있다.

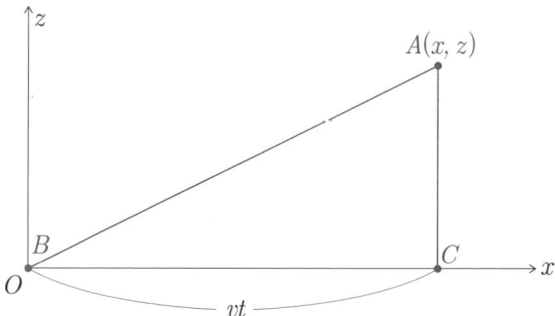

$\overline{AB}$는 정지한 관찰자의 시계로 시간 t가 흐르는 동안 빛이 간 거리이므로

$$\overline{AB} = ct$$

가 된다. 이 그림에서

$$x = vt$$

이므로

$$x_1 = 0 \qquad\qquad\qquad\qquad (3\text{-}5\text{-}24)$$

이 되고, 피타고라스 정리 $\overline{AB}^2 = \overline{BC}^2 + \overline{AC}^2$에서

$$c^2 t^2 = v^2 t^2 + z^2$$

이 되어

$$t = \frac{z}{\sqrt{c^2 - v^2}} \qquad\qquad\qquad (3\text{-}5\text{-}25)$$

가 된다. 식 (3-5-24)에서 $x_1 = 0$이므로

$$\zeta = c\tau = act \qquad\qquad\qquad\qquad (3\text{-}5\text{-}26)$$

가 되고, 식 (3-5-25)를 이용하면

$$\zeta = \frac{acz}{\sqrt{c^2 - v^2}} \qquad\qquad\qquad (3\text{-}5\text{-}27)$$

가 된다. y방향도 똑같이 계산할 수 있다.

지금까지의 내용을 요약해 보자. 아인슈타인은

$$\varphi(v^2) = a\beta$$

라는 속도의 제곱과 관련된 함수를 도입했다. 여기서 $\varphi(v^2)$은 v^2의 함수이므로 v를 $-v$로 바꾸어도 달라지지 않는다. 따라서 아인슈타인은 움직이는 좌표계와 정지 좌표계 사이에 다음 관계식을 얻었다.

$$\tau = \varphi(v^2)\beta\left(t - \frac{vx}{c^2}\right)$$

$$\xi = \varphi(v^2)\beta(x - vt)$$

$$\eta = \varphi(v^2)y$$

$$\zeta = \varphi(v^2)z \qquad\qquad (3\text{-}5\text{-}28)$$

물리군 $\varphi(v^2)$은 어떻게 구하나요?

정교수 정지한 관찰자나 움직이는 관찰자나 모두 관성계야. 그러므로 만일 움직이는 관찰자를 정지한 관찰자로 취급한다면, 정지한 관찰자는 $-v$의 속도로 움직이는 관칠자가 되지.

그러므로 이 경우 다음 식을 얻는다.

$$t = \varphi(v^2)\beta\left(\tau + \frac{v\xi}{c^2}\right)$$

$$x = \varphi(v^2)\beta(\xi + v\tau)$$

$$y = \varphi(v^2)\eta$$

$$z = \varphi(v^2)\zeta \qquad\qquad (3\text{-}5\text{-}29)$$

이제 다음 두 식을 보자.

$$\zeta = \varphi(v^2)z \qquad\qquad (3\text{-}5\text{-}30)$$

$$z = \varphi(v^2)\zeta \qquad\qquad (3\text{-}5\text{-}31)$$

이 두 식은

$$\{\varphi(v^2)\}^2 = 1$$

을 의미한다. 그러므로 아인슈타인은

$$\varphi(v^2) = 1$$

이라는 것을 알아냈다. 그러니까 식 (3-5-28)은 다음과 같이 되었다.

$$\tau = \beta\left(t - \frac{vx}{c^2}\right)$$

$$\xi = \beta(x - vt)$$

$$\eta = y$$

$$\zeta = z \qquad\qquad (3\text{-}5\text{-}32)$$

이것을 로런츠 변환이라고 부른다.

물리군 왜 아인슈타인 변환이 아니고 로런츠 변환이죠?

정교수 이 식을 처음 찾아낸 사람은 로런츠야. 그런데 그는 에테르가 있다고 믿었고 에테르 방향으로 빛이 움직일 때 거리가 수축된다는 잘못된 가정을 했어. 그러므로 식 (3-5-32)의 물리학적인 올바른 해석은 아인슈타인이 한 셈이지. 하지만 식의 모양은 로런츠의 논문에 나온 것과 같은 모습이기 때문에 로런츠 변환식이라고 부른다네.

물리군 그렇군요.

아인슈타인의 속도 덧셈 _ 빛의 속도에서는 이 규칙을!

물리군 빛의 속도가 정지한 관찰자에게나 움직이는 관찰자에게나 똑같게 관측된다면 갈릴레이의 속도 덧셈 규칙은 달라져야 할 것 같은데요.

정교수 그렇지. 이제 그 이야기를 하려고 해. 움직이는 관찰자가 측정하는 물체의 속도와 정지한 관찰자가 측정하는 물체의 속도 사이의 관계를 알아보겠네. 움직이는 관찰자가 정지한 관찰자의 x방향으로 등속도로 움직이는 경우만 생각하기로 하세. 움직이는 관찰자가 측정하는 물체의 속도를 $v_{움}$이라고 쓰면

$$v_{움} = \frac{d\xi}{d\tau}$$

가 되지. 마찬가지로 정지한 관찰자가 측정하는 물체의 속도를 $v_{정}$이라고 쓰면

$$v_{정} = \frac{dx}{dt}$$

가 되네. 여기서 잠시 전미분에 대한 이야기를 조금 해야겠군.

물리군 전미분은 처음 들어보는 용어예요.

정교수 차근차근 설명하도록 하지. 일단 변수가 1개인 함수를 일변수함수라 하고 변수가 2개인 함수를 이변수함수라고 하네.

일변수함수 $y = f(x)$의 미분은

$$f(x + \Delta x) - f(x)$$

로부터 얻어진다. 이 값을 Δy라고 하면

$$\Delta y = f(x + \Delta x) - f(x)$$

가 된다. 아주 작은 Δx를 생각해 테일러 전개를 하면

$$\Delta y = \Delta x f'(x) + \frac{1}{2!}(\Delta x)^2 f''(x) + \cdots$$

이다. 여기서 Δx가 0으로 갈 때의 극한을 dx라고 쓰는데 이때 Δy의 극한을 dy라고 하면

$$dy = f'(x)dx$$

가 되어

$$\frac{dy}{dx} = f'(x)$$

가 된다.

물리군   미분의 정의가 되는군요.

정교수   이번에는 이변수함수 $z=f(x, y)$를 살펴보겠네.

이 이변수함수에 대해 다음 양을 보자.

$$f(x + \Delta x, y + \Delta y) - f(x, y)$$

이 값을 Δz라고 하면

$$\Delta z = f(x + \Delta x, y + \Delta y) - f(x, y)$$

이다. 아주 작은 Δx와 Δy를 생각해 테일러 전개를 하면

$$\Delta z = \Delta x \frac{\partial f}{\partial x} + \Delta y \frac{\partial f}{\partial y} + \cdots$$

가 된다. Δx가 0으로 갈 때의 극한을 dx, Δy가 0으로 갈 때의 극한을 dy라고 하면 Δz의 극한 dz는 테일러 전개에 의해

$$dz = df(x, y) = \frac{\partial f}{\partial x}dx + \frac{\partial f}{\partial y}dy$$

가 되는데 이것을 $f(x, y)$의 전미분이라고 부른다.

물리군   이변수함수에서의 완벽한 미분은 전미분이네요!

정교수   그렇네. 이제 본론으로 돌아가세.

ξ는 x와 t에 의존하는 이변수함수이니까 ξ의 전미분은

$$d\xi = \frac{\partial \xi}{\partial x}\, dx + \frac{\partial \xi}{\partial t}\, dt$$

이다. 각각의 편미분을 식 (3-5-32)에서 구하면

$$d\xi = \beta dx - \beta v dt \qquad (3\text{-}6\text{-}1)$$

이다. 마찬가지로 τ도 x와 t에 의존하는 이변수함수이니까 τ의 전미분은

$$d\tau = \beta\left(dt - \frac{v}{c^2}\, dx\right) \qquad (3\text{-}6\text{-}2)$$

이다. 그러므로

$$v_\text{을} = \frac{d\xi}{d\tau}$$

$$= \frac{dx - vdt}{dt - \dfrac{v}{c^2}\, dx} \qquad (3\text{-}6\text{-}3)$$

가 된다. 분모와 분자를 dt로 나누면

$$v_\text{을} = \frac{d\xi}{d\tau}$$

$$= \frac{\dfrac{dx}{dt} - v}{1 - \dfrac{v}{c^2}\dfrac{dx}{dt}}$$

$$= \frac{v_\text{정} - v}{1 - \dfrac{v}{c^2}\, v_\text{정}} \qquad (3\text{-}6\text{-}4)$$

가 된다는 것을 알 수 있다. 이것이 바로 아인슈타인의 상대속도에 대한 공식이다.

　이제 아인슈타인의 속도 덧셈 규칙을 찾아내겠다. 식 (3-6-1)과 식 (3-6-2)를 연립하면 다음과 같은 관계식을 얻을 수 있다.

$$dx = \beta d\xi + \beta v d\tau \qquad\qquad (3\text{-}6\text{-}5)$$

$$dt = \beta \left(d\tau + \frac{v}{c^2} d\xi \right) \qquad\qquad (3\text{-}6\text{-}6)$$

그러므로

$$v_{정} = \frac{dx}{dt}$$

$$= \frac{\dfrac{d\xi}{d\tau} + v}{1 + \dfrac{v}{c^2}\dfrac{d\xi}{d\tau}}$$

$$= \frac{v_{움} + v}{1 + \dfrac{v}{c^2} v_{움}}$$

이다. 이것을 아인슈타인의 속도 덧셈 규칙이라고 부른다. 만일 v가 광속에 비해 너무너무 작다면 $\frac{v}{c^2} v_{움}$은 거의 0에 가까워지는데 이때

$$v_{정} \approx v_{움} + v$$

가 되어 갈릴레이의 속도 덧셈 규칙이 나오게 된다.

물리군 갈릴레이의 속도 덧셈 규칙은 움직이는 관찰자의 속도가 광속에 비해 너무너무 느릴 때 사용할 수 있는 근사식이군요.

정교수 그렇다네. 하지만 광속에 가까워지는 속도가 되면 갈릴레이의 속도 덧셈 규칙도 뉴턴의 운동방정식도 사용할 수 없고, 아인슈타인의 특수상대성이론을 사용해야 하지.

물리군 그럼 아인슈타인의 속도 덧셈 규칙으로 움직이는 관찰자와 정지한 관찰자가 똑같은 광속을 측정한다는 걸 보일 수 있나요?

정교수 물론이야. 정지한 관찰자가 본 빛의 속도는

$$v_\text{정} = c = (\text{광속})$$

이 되네. 이때, 움직이는 관찰자가 본 빛의 속도는

$$v_\text{움} = \frac{v_\text{정} - v}{1 - \dfrac{v}{c^2} v_\text{정}} = \frac{c - v}{1 - \dfrac{v}{c^2} \cdot c} = c$$

가 되지.

물리군 정말 똑같아졌어요.

정교수 이것이 바로 아인슈타인의 광속도 불변의 원리야.

물리군 그렇군요.

전기를 연구한 사람들

정전기로부터 시작된 전기 연구 _ 일상의 불편을 예사로 넘기지 않다

정교수 아인슈타인의 논문 2부를 이해하려면 전자기학에 대해서 알아야 해.

물리군 전기와 자기를 말하는 건가요?

정교수 그렇다네. 전기와 자기를 합쳐서 전자기라고 하지. 전자기학은 물리학과나 공대(전기 전자 계열)에서 2학년 때 배우는데, 고등학교 수준을 뛰어넘는 수학이 필요하네.

물리군 고등학교 수학만으로 설명해 주세요.

정교수 사실 아인슈타인의 논문 1부만으로도 특수상대성이론의 탄생을 이해할 수 있어. 하지만 2부에 나오는 맥스웰 방정식을 설명하기 위해 전자기의 영웅들의 이야기를 들려주겠네.

먼저 정전기의 역사를 살펴보자. 정전기는 쉽게 접할 수 있는 현상이기 때문에 기원전 시대부터 사람들이 피부로 느낄 수 있었다. 정전기 현상에 대한 가장 오래된 기록은 고대 그리스의 물리학자 탈레스의 기록이다.

양의 가죽으로 호박(송진이 굳어서 된 보석)을 문질렀을 때 호박에

탈레스(Thales, B.C.624?~B.C.548?)

새의 깃털들이 달라붙는 것을 본 탈레스는 이때의 현상을 기록해 두었다. 영어로 '전기'를 뜻하는 electric이라는 단어는 그리스어의 '호박(elektron)[8]'에서 유래한 것이다.

호박

정교수 탈레스의 정전기 발견 이후 2000년이 지나도록 정전기에 대한 새로운 사실은 알려지지 않았어. 하지만 많은 사람들이 이미 정전기 현상을 경험하고 있었을 테지.

물리군 탈레스가 알아낸 건 두 물체를 문지르면 정전기가 생긴다는 것이군요.

정교수 16세기 말 영국 엘리자베스 여왕 시대에 길버트는 전기에 대한 여러 실험을 했네. 그는 정전기를 띤 물체가 다른 물체를 끌어당긴다는 것을 알아냈어. 길버트에 대해서는 추후 다시 설명하겠네. 한편 1663년 게리케는 전기를 모을 수 있는 장치인 기전기(electrostatic generator)를 발명했지. 그에 대해 자세히 알아보세.

게리케는 1602년 독일의 마그데부르크 시에서 태어났다. 그는 어릴 때부터 수학과 물리학을 참 좋아했다. 훗날 게리케는 마그데부르크 시의 시장이 되어 35년 동안 시의 발전을 위해 살았다. 시장으로서의

---

8) 현재는 호박을 영어로 amber라고 부른다.

바쁜 생활 속에서도 게리케는 틈만 나면 취미인 과학 실험을 했다. 그는 물을 이용한 기압계를 만들어 시민들에게 날씨 예보를 해주었다. 또, 진공의 힘이 얼마나 큰지를 보여주기 위해 마그데부르크의 반구로 유명한 실험도 했다.

게리케(Otto von Guericke, 1602~1686)

게리케는 유황으로 만든 공을 회전시키면서 헝겊으로 마찰시킴으로써 공에 많은 전기가 모이게 할 수 있었다. 이것이 최초의 기전기이다.

마그데부르크의
반구 실험

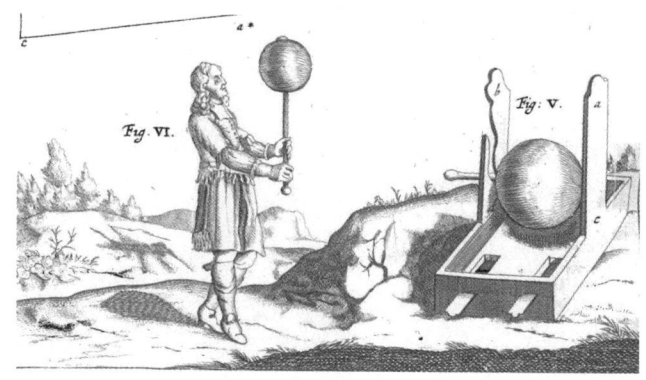

게리케의 기전기

　게리케는 기전기를 이용하여 공에 가벼운 물질들이 달라붙는 현상과 뾰족한 금속을 대었을 때 생기는 불꽃 방전을 확인했다. 훗날, 영국의 혹스비(Francis Hauksbee, 1666~1713)는 게리케의 것보다 강력한 기전기를 발명한다. 그는 유황공 대신에 유리공을 회전시켜서 마찰에 의해 많은 전기를 모을 수 있었다. 하지만 기전기는 사람이 문지르는 수고를 덜어주는 역할을 하는 것뿐이었지 기전기로 인해 전기의 실체를 알게 된 것은 아니었다.

물리군　그렇군요. 하지만 문질러도 정전기가 생기지 않는 물질도 있지 않나요?

정교수　맞아. 전기가 통하는 물질을 도체라고 하는데 쇠나 구리와 같은 금속들이 도체야. 또한 전기가 통하지 않는 물질을 부도체라고 하는데 나무, 종이, 고무와 같은 물질이 부도체이지.

도체와 부도체의 차이는 1729년 영국의 그레이(Stephen Gray, 1666~1736)가 알아냈다. 실험을 통해 그레이가 알아낸 것은 이 세상의 물질을 전기가 통하는 것과 전기가 통하지 않는 것의 두 가지로 나눌 수 있다는 것이었다. 또한 그는 도체를 통해 전기가 먼 곳까지 이동한다는 것을 발견했다.

한편 같은 시대에 프랑스에는 놀레라는 과학자가 있었다. 놀레는 그레이의 실험을 똑같이 해 보려고 했다. 그는 손수 고안한 정전기 발생장치를 이용하여 한 여인의 몸에 전기를 띠게 했다. 여인이 다른 사람을 손으로 만지자 전기가 그 사람에게 전해졌다. 그리고 여인의 몸에 전기가 많을 때는 불꽃이 튀기도 했다.

놀레(Jean-Antoine Nollet, 1700~1770)

놀레는 손가락처럼 뾰족한 곳에는 다른 부분에 비해 전기가 더 많이 모인다는 것을 알아냈다. 또한 그는 전기를 띤 소년의 몸을 공중에 띄워 정전기에 대한 여러 가지 실험을 하기도 했다.

전기를 띤 소년

정교수 앞서 말한 그레이의 실험 결과에 가장 큰 영향을 받은 사람은 프랑스의 물리학자 뒤페라네.

뒤페는 자기 몸에 전기를 띠게 해서 조수로 하여금 자신을 만지게 하는 실험도 했다. 이 실험은 어두운 지하에서 이루어졌는데, 조수가 손가락으로 뒤페의 몸을 만지는 순간 전기 스파크가 발생하는 것을 볼 수 있었다.

뒤페(Charles François de Cisternay Du Fay, 1698~1739)

그레이의 실험을 재현하는 과정에서 뒤페는 두 종류의 전기가 있다는 것을 발견했다. 그는 이것에 유리전기와 송진(수지)전기라고 이름을 붙였다. 뒤페는 같은 전기를 띤 두 물체들은 서로 밀치고 다른 전기를 띤 두 물체는 서로를 당긴다는 것을 알아냈다.

물리군 전기력을 처음 알아낸 거군요.

정교수 맞아. 그 후 미국의 프랭클린은 전하의 개념을 처음 도입했어. 프랭클린은 전기를 띠는 물체를 전하라 하고, 물체가 전기를 얼마나 많이 지니고 있는지를 나타내는 양을 전하량이라고 불렀네. 또한 그는 뒤페가 발견한 두 종류의 전기를 양전하와 음전하라고 불렀어. 그는 유리전기를 양전하로, 송진전기를 음전하로 선택했지.

물리군 두 물체를 문질렀을 때, 어떤 물체가 양전하가 되고 어떤 물체가 음전하가 되는 건가요?

정교수 어떤 물체가 양전하 혹은 음전하가 되는지 쉽게 알아볼 수 있도록 나열한 것을 대전열이라고 하네. 대전열은 다음과 같아.

(+) 털가죽 – 유리 – 명주 – 나무 – 고무 – 플라스틱 (–)

대전열에서 왼쪽에 있는 물질과 오른쪽에 있는 물질을 마찰시키면 왼쪽에 있는 물질은 양전하가 되고, 오른쪽에 있는 물질은 음전하가 되네. 대전열을 보면 털가죽이 가장 양전하가 되고 싶어 한다는 것을 알 수 있지.

물리군 두 물체를 마찰시키지 않고도 전기를 띠게 할 수 있나요?

정교수 아까 전기를 잘 띠는 물체를 도체라고 했지. 도체는 주로 금속이야. 어떤 도체에 양전하를 띤 막대기를 가까이 가져가면 막대기와 가까운 부분은 음전하를 띠게 되네. 이렇게 접촉하지 않아도 두 물체가 반대 부호의 전기를 띠게 할 수 있어. 이것을 정전기 유도 현상이라고 말하네.

클라이스트와 레이던병_전기를 모아 보자!

물리군 전기를 한곳에 모을 수는 없나요?

정교수 이제 그 이야기를 하려던 참이야. 1745년 독일의 클라이스트(Ewald Georg von Kleist, 1700~1748)는 마찰에 의해 물체에 생긴 전기를 어떻게 하면 오랫동안 보관할 수 있을까 궁리했네. 그는 물체에 전기를 띠게 한 후 그 물체를 절연체로 감싸면 절연체는 전기가 잘 통하지 않으니까 물체의 전기를 가둘 수 있을 거라고 생각했지.

클라이스트는 유리병에 물을 담고 주석의 사슬을 물에 담그고 사슬의 한끝은 기전기에 연결하여 유리병 속의 물을 대전시켰어. 그의 예상대로 유리병 속에는 기전기에 의해서 만들어진 전기가 모였지. 이 유리병은 클라이스트가 다닌 네덜란드의 레이던 대학의 이름을 따서 레이던병이라고 부르네.

레이던병 실험

물리군　레이던병에는 어떻게 전기가 저장되나요?

정교수　다음 그림과 같이 레이던병의 둥그런 손잡이에 양전하를 띤 유리막대를 가져다 대어 보게.

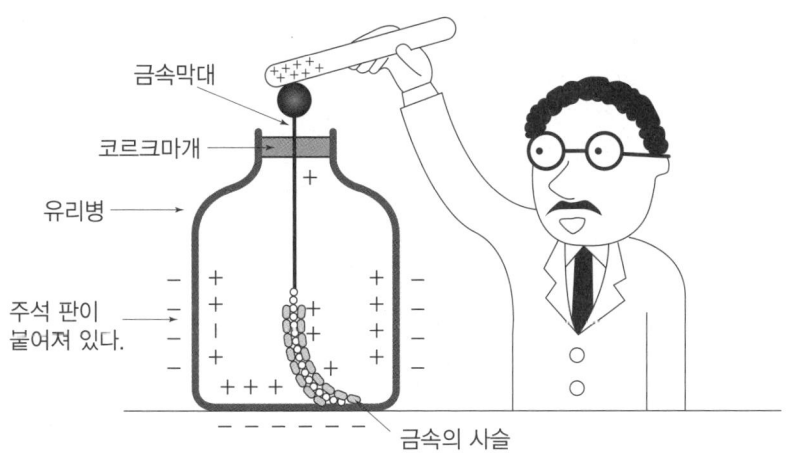

둥그런 손잡이와 연결된 주석 막대, 또 그 막대와 연결되어 있는 유리병 안에 입힌 주석 판은 양전하를 띠게 된다. 이때 유리병 바깥에 입혀놓은 주석 판은 정전기 유도 현상에 의해 음전하를 띠게 된다. 안쪽의 주석 판과 바깥쪽의 주석 판은 서로 반대 부호의 전기를 띠니까 서로를 당기는 힘이 작용한다. 따라서 병 속에 생긴 양전하는 도망가지 않고 모여 있게 되는 것이다.

레이던병에 전기를 모아두면 둥그런 손잡이 부분과 유리병의 바닥은 서로 반대 부호의 전기를 띠게 된다. 이 두 부분을 전기가 통하는 도선으로 연결하면 레이던병의 전기가 도선을 따라 이동하게 된다.

1747년 7월 14일 영국의 물리학자들은 런던의 국회의사당 근처에 있는 웨스트민스터 다리에 모였다. 그리고 많은 사람들이 보는 앞에서 레이던병 속의 전기가 폭이 400m나 되는 템스강을 건너갈 수 있다는 것을 보여 주기로 했다. 그들은 한 사람의 왼손에 레이던병의 바닥을 올려놓고 위쪽의 둥그런 손잡이에 기다란 철사를 연결했다. 그 철사는 템스강 반대편에 있는 사람이 왼손으로 잡고 있었다. 두 사람은 각각 오른손에 쇠막대를 들고 있었다. 두 사람이 동시에 쇠막대를 강물에 넣는 순간 그들은 전기 충격을 받아 뒤로 발라당 넘어졌다. 이 실험으로 과학자들은 레이던병 속의 전기가 400m 정도 되는 강물을 이동할 수 있다는 것을 알게 되었다. 그 후 사람들은 전기가 수 킬로미터의 철사를 통해 눈 깜짝할 사이에 이동한다는 것도 알아냈다.

물리군 400m의 도선을 따라 전류가 흐른 거군요!

정교수 그렇다네. 레이던병과 얽힌 또 다른 재미있는 사건이 있지. 프랑스의 놀레는 레이던병을 이용해 수많은 실험을 했어. 그중 대부분은 사람들을 골탕 먹이는 실험이었지. 어느 날 놀레는 프랑스 왕과 귀족들이 모인 자리에서 180명의 근위병들이 서로 손을 맞잡고 둥그렇게 원을 만들게 했네. 그중 한 군데는 연결되지 않았는데 놀레는 손을 맞잡지 않은 한 병사에게 레이던병의 바닥을 잡게 하고 다른 병사에게는 손잡이를 잡게 했어. 그러자 병사들 모두 전기 충격을 받아 일제히 뒤로 발라당 넘어졌지.

물리군 왜 그런 거죠?

정교수 레이던병에 전기를 모아두면 둥그런 손잡이 부분과 유리병의 바닥은 서로 반대 부호의 전기를 띠게 되지. 이 두 부분을 전기가 통하는 도체로 연결하면 레이던병의 전기가 도체를 따라 이동하네. 사람 몸은 전기가 잘 통하는 도체이기 때문에 손을 맞잡은 병사들 모두에게 강한 전류가 흐른 거야. 레이던병의 윗부분과 바닥 부분을 동시에 만지는 것은 콘센트의 두 구멍에 쇠젓가락을 동시에 끼우는 것처럼 매우 위험한 일이네.

물리군 그렇군요.

쿨롱의 법칙 _ 두 전하 사이의 법칙에 대하여

정교수 뒤페의 실험을 토대로, 두 전하 사이의 힘에 대한 이론을 만든 사람은 프랑스의 쿨롱이야. 그의 연구에 대해 알아보도록 하지.

쿨롱(Charles Augustin de Coulomb, 1736~1806)

쿨롱은 프랑스의 앙굴렘에서 태어났다. 부유한 집안에서 자란 그는 어렸을 때 가족과 함께 파리로 이사해 마자랭 대학에 다녔다. 대학 졸업 후 쿨롱은 군사학교에 다니고 기술 장교가 되었다. 그는 틈틈이 물리학 연구를 하였고, 1784년 유명한 쿨롱의 법칙을 발표한다. 쿨롱은 두 전하 사이의 힘인 전기력을 비틀림 저울을 이용하여 측정하는 데 성공한다.

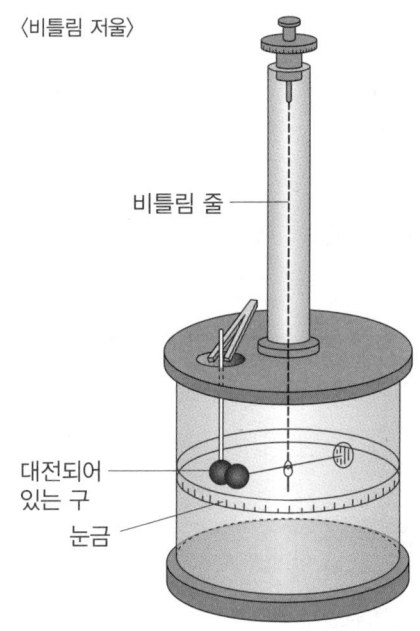

〈비틀림 저울〉

비틀림 줄

대전되어
있는 구

눈금

비틀림 저울을 이용하여 쿨롱이 찾아낸 전기력에 대한 성질은 다음과 같다.

• 두 전하 사이의 전기력은 두 물체의 전하량의 곱에 비례한다.

- 두 전하 사이의 전기력은 떨어진 거리의 제곱에 반비례한다.
- 두 전하가 같은 부호이면 척력이 작용하고 두 전하가 다른 부호이면 인력이 작용한다.

이것을 수식으로 나타내어 보자.

전하량이 각각 q_1, q_2인 두 전하 간의 거리가 r일 때, 두 전하 사이의 전기력의 크기는 다음과 같다.

$$F = \frac{|q_1||q_2|}{r^2}$$

우리는 길이를 cm, 질량을 g, 시간을 초(s)로 사용하는 CGS 단위계를 사용할 것이다. 이때 전하량의 단위는 Fr(프랭클린)이다. 즉, 2Fr의 전하량은 1Fr의 전하량의 두 배라는 뜻이다. CGS 단위계에서 힘의 단위는 뉴턴(N)이 아니라 다인(dyn)이다.

물리군 길이를 m, 질량을 kg으로 쓸 수도 있지 않나요?

정교수 길이를 m, 질량을 kg, 시간을 초(s)로 사용하는 단위계를 MKS 단위계라고 해. 하지만 아인슈타인이 논문에서 CGS 단위계를 사용했기 때문에 우리도 CGS 단위계를 사용하겠네.

물리군 절댓값은 왜 붙인 건가요?

정교수 전기력의 크기는 양수가 되어야 해. 그런데 전하량은 음수일 수도 있으니까 절댓값을 붙인 거지.

물리군 그렇군요!

정교수 자! 이제 벡터를 이용해야겠어. 수업 때 배운 벡터는 기억이 나나?

물리군 크기와 방향이 있는 양이고 화살표로 나타낸다는 것 정도가 기억나요.

정교수 그거면 됐어. 이제 천천히 수식을 넣어 보겠네.

물리군 긴장해야겠군요!

3차원 공간에서 한 점 P는 $P(x, y, z)$로 나타낼 수 있다.

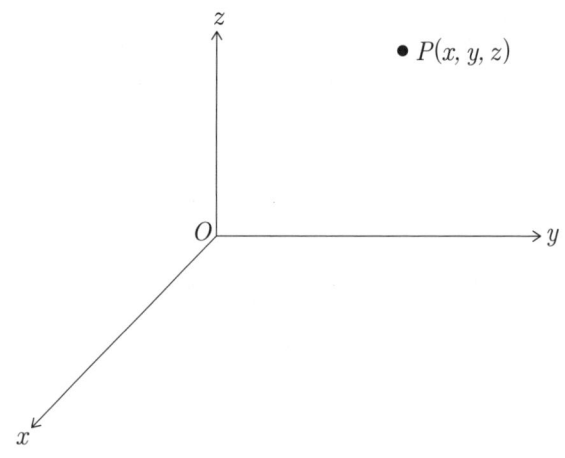

다음 그림과 같이 전하 Q가 원점에 있고 전하 q가 점 $P(x, y, z)$에 있는 경우를 생각해 보자. 이때 원점에서 점 P로 향하는 벡터를 $\overrightarrow{OP}$ 또는 간단하게 $\vec{r}$라고 쓴다.

세상에서 가장 쉬운 과학 수업 **특수상대성이론**

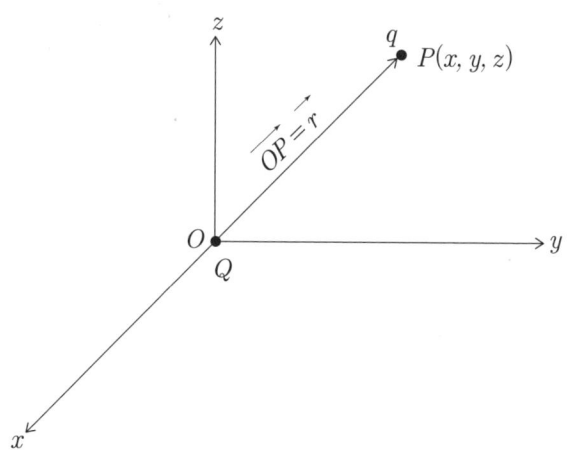

3차원 공간에서 임의의 점 $P(x, y, z)$의 위치벡터 $\overrightarrow{OP}$는 다음과 같이 쓸 수 있다.

$$\vec{r} = x\hat{i} + y\hat{j} + z\hat{k}$$

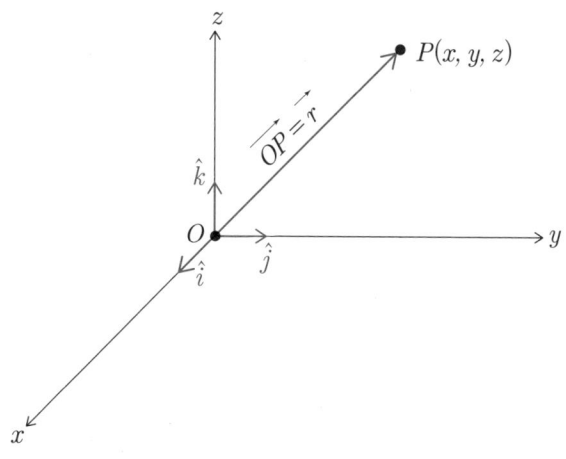

여기서 $\hat{i}, \hat{j}, \hat{k}$는 각각 x축, y축, z축과 나란하며 크기가 1인 벡터이다. $\overrightarrow{OP}$의 크기는

$$|\overrightarrow{OP}| = r$$

라고 쓰겠다. 이때 피타고라스 정리로부터

$$r = \sqrt{x^2 + y^2 + z^2}$$

이 된다. 이때 방향은 $\overrightarrow{OP}$와 같고 크기가 1인 벡터를 항상 만들 수 있는데 바로 $\overrightarrow{OP}$의 크기로 나눠주면 된다. 앞으로 이 벡터를 $\hat{r}$라 쓰고 'hat r'라고 읽겠다. 그러니까

$$\hat{r} = \frac{\overrightarrow{OP}}{|\overrightarrow{OP}|} = \frac{\vec{r}}{r}$$

가 된다.

물리군　3차원 공간 속의 임의의 벡터는 어떻게 표현되나요?

정교수　3차원 공간 속의 벡터는 다음과 같이 표현되네.

$$\vec{A} = A_x \hat{i} + A_y \hat{j} + A_z \hat{k}$$

여기서 A_x를 x성분, A_y를 y성분, A_z를 z성분이라고 부르지.

물리군　그렇겠군요.

정교수　이제 벡터의 내적에 대해 알아보겠네.

두 벡터의 내적은 다음과 같이 정의된다.

$$\vec{A} \cdot \vec{B} = |\vec{A}||\vec{B}| \cos \theta$$

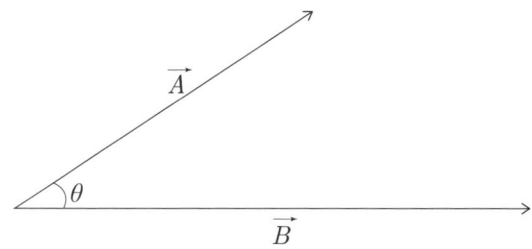

여기서 θ는 두 벡터의 사잇각이다. 우리는 여기서

$$\vec{A} \cdot \vec{B} = \vec{B} \cdot \vec{A}$$

임을 알 수 있다. 내적의 정의에 따르면 θ가 작아질수록 $\cos \theta$가 커지니까 $\theta = 0°$일 때 두 벡터의 내적이 가장 커진다. $\theta = 0°$라는 것은 두 벡터가 나란하다는 것을 말한다. 같은 두 벡터 $\vec{A}$의 경우 $\theta = 0°$이니까 $\cos \theta = 1$이 되어

$$\vec{A} \cdot \vec{A} = |\vec{A}|^2$$

이 된다. 또한 내적의 정의에서 $\theta = 90°$가 되면 $\cos \theta = 0$이다. 따라서 두 벡터가 이루는 각이 $90°$가 되면 내적이 0이 된다. 즉, 수직으로 만나는 두 벡터 $\vec{A}$와 $\vec{B}$의 내적은 0이다.

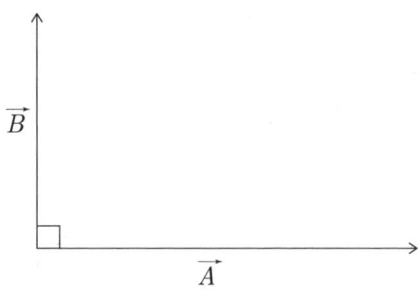

물리군 $\hat{i}, \hat{j}, \hat{k}$들에 대해서는 내적이 어떻게 되나요?

정교수 이 벡터들은 크기가 1이고 서로 수직이니까 다음과 같이 되네.

$$\hat{i} \cdot \hat{i} = 1 \qquad \hat{j} \cdot \hat{j} = 1 \qquad \hat{k} \cdot \hat{k} = 1$$
$$\hat{i} \cdot \hat{j} = 0 \qquad \hat{i} \cdot \hat{k} = 0 \qquad \hat{j} \cdot \hat{k} = 0$$

물리군 두 벡터의 내적을 성분으로 나타낼 수 있나요?

정교수 물론이야. 다음 두 벡터를 보게.

$$\vec{A} = A_x\hat{i} + A_y\hat{j} + A_z\hat{k}$$
$$\vec{B} = B_x\hat{i} + B_y\hat{j} + B_z\hat{k}$$

이때 두 벡터의 내적은 다음과 같아.

$$\vec{A} \cdot \vec{B} = A_xB_x + A_yB_y + A_zB_z$$

물리군 어떻게 나온 건가요?

정교수 다음과 같이 분배법칙을 써서 계산하면 되지.

$$\vec{A} \cdot \vec{B} = (A_x\hat{i} + A_y\hat{j} + A_z\hat{k}) \cdot (B_x\hat{i} + B_y\hat{j} + B_z\hat{k})$$

$$= A_xB_x\hat{i} \cdot \hat{i} + A_xB_y\hat{i} \cdot \hat{j} + A_xB_z\hat{i} \cdot \hat{k}$$

$$+ A_yB_x\hat{j} \cdot \hat{i} + A_yB_y\hat{j} \cdot \hat{j} + A_yB_z\hat{j} \cdot \hat{k}$$

$$+ A_zB_x\hat{k} \cdot \hat{i} + A_zB_y\hat{k} \cdot \hat{j} + A_zB_z\hat{k} \cdot \hat{k}$$

$$= A_xB_x + A_yB_y + A_zB_z$$

물리군 그렇군요.

정교수 두 벡터의 곱셈은 또 하나가 있어. 두 벡터의 내적의 결과는 벡터가 아니라 어떤 수가 되지. 하지만 두 벡터를 곱해서 벡터가 되게 하는 곱셈을 만들 수 있는데 그것을 두 벡터의 외적이라고 부르네. 두 벡터 $\vec{A}, \vec{B}$에 대해 외적은 $\vec{A} \times \vec{B}$로 나타내고 그 크기는

$$|\vec{A} \times \vec{B}| = |\vec{A}||\vec{B}|\sin\theta$$

로 정의되지. 이것의 방향은 $\vec{A}$에서 $\vec{B}$로 오른손을 감아쥐었을 때 엄지손가락이 가리키는 방향이야.

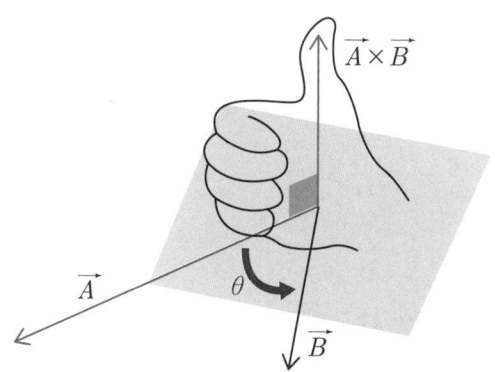

물리군 $\vec{A} \times \vec{B}$는 $\vec{A}$와 $\vec{B}$가 만드는 평면에 수직이군요.

정교수 그렇네. 또한 $\vec{B} \times \vec{A}$는 $|\vec{B}||\vec{A}| \sin \theta$로 $\vec{A} \times \vec{B}$와 크기는 같지만 방향은 반대야. 그러므로

$$\vec{B} \times \vec{A} = - \vec{A} \times \vec{B}$$

이지.

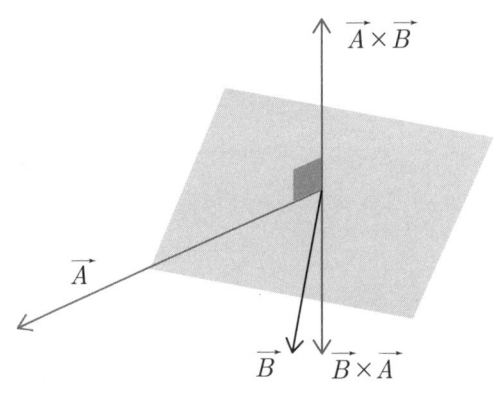

물리군 두 벡터 $\vec{A}$와 $\vec{B}$가 평행하면 어떻게 되나요?

정교수 두 벡터가 평행하면 두 벡터의 사잇각은 0이 되네. 그러면 $\sin 0 = 0$이니까 $\vec{A} \times \vec{B}$는 0이 되지. 마찬가지로 같은 두 벡터의 외적도 0이야.

$$\vec{A} \times \vec{A} = 0$$

물리군 두 벡터의 외적도 성분으로 나타낼 수 있나요?

정교수 물론이야. 우선 단위벡터들의 외적에 대해서는 다음 관계식

이 성립해.

$$\hat{i} \times \hat{i} = \hat{j} \times \hat{j} = \hat{k} \times \hat{k} = 0$$
$$\hat{i} \times \hat{j} = \hat{k} \qquad \hat{j} \times \hat{i} = -\hat{k}$$
$$\hat{j} \times \hat{k} = \hat{i} \qquad \hat{k} \times \hat{j} = -\hat{i}$$
$$\hat{k} \times \hat{i} = \hat{j} \qquad \hat{i} \times \hat{k} = -\hat{j}$$

물리군 같은 두 벡터의 외적은 0이니까 $\hat{i} \times \hat{i} = \hat{j} \times \hat{j} = \hat{k} \times \hat{k} = 0$인 건 알겠는데, $\hat{i} \times \hat{j}$는 $\hat{k}$의 방향이므로

$$\hat{i} \times \hat{j} = c\hat{k} \quad (c\text{는 상수})$$

라고 두어야 하는 거 아닌가요?

정교수 맞아. $\hat{i} \times \hat{j} = c\hat{k}$의 양변의 크기를 비교해 보게.

$$|\hat{i} \times \hat{j}| = c|\hat{k}|$$

에서 $\hat{i}$와 $\hat{j}$는 서로 수직으로 만나니까 $|\hat{i} \times \hat{j}| = 1 \times 1 = 1$이고 $|\hat{k}| = 1$ 이므로 $c = 1$이 되지.

물리군 그렇군요.

정교수 이제 다음 두 벡터를 볼까?

$$\vec{A} = A_x\hat{i} + A_y\hat{j} + A_z\hat{k}$$
$$\vec{B} = B_x\hat{i} + B_y\hat{j} + B_z\hat{k}$$

두 벡터의 외적을 계산해 보자.

$$\vec{A} \times \vec{B} = (A_x\hat{i} + A_y\hat{j} + A_z\hat{k}) \times (B_x\hat{i} + B_y\hat{j} + B_z\hat{k})$$

$$= A_xB_x\hat{i} \times \hat{i} + A_xB_y\hat{i} \times \hat{j} + A_xB_z\hat{i} \times \hat{k}$$

$$+ A_yB_x\hat{j} \times \hat{i} + A_yB_y\hat{j} \times \hat{j} + A_yB_z\hat{j} \times \hat{k}$$

$$+ A_zB_x\hat{k} \times \hat{i} + A_zB_y\hat{k} \times \hat{j} + A_zB_z\hat{k} \times \hat{k}$$

$$= A_xB_y\hat{k} - A_xB_z\hat{j} - A_yB_x\hat{k} + A_yB_z\hat{i} + A_zB_x\hat{j} - A_zB_y\hat{i}$$

동류항끼리 정리하면

$$\vec{A} \times \vec{B}$$
$$= (A_yB_z - A_zB_y)\hat{i} + (A_zB_x - A_xB_z)\hat{j} + (A_xB_y - A_yB_x)\hat{k}$$

가 된다. 그러므로 다음 사실을 알 수 있다.

$$(\vec{A} \times \vec{B})_x = A_yB_z - A_zB_y$$
$$(\vec{A} \times \vec{B})_y = A_zB_x - A_xB_z$$
$$(\vec{A} \times \vec{B})_z = A_xB_y - A_yB_x$$

자! 이제 벡터를 이용해 전하 Q가 전하 q에 작용하는 힘을 크기와 방향을 함께 넣어서 나타낼 수 있다.

$$\vec{F} = \frac{Qq}{r^2}\,\hat{r}$$

Q와 q가 같은 부호이면 Qq는 양수가 되니까 전하 q가 받는 힘의 방향은 $\hat{r}$와 같은 방향이 된다.

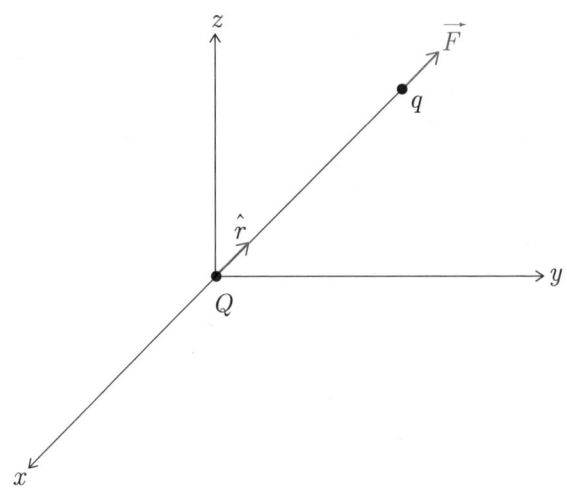

Q와 q가 다른 부호이면 Qq는 음수가 되니까 전하 q가 받는 힘의 방향은 $\hat{r}$와 반대 방향이 된다.

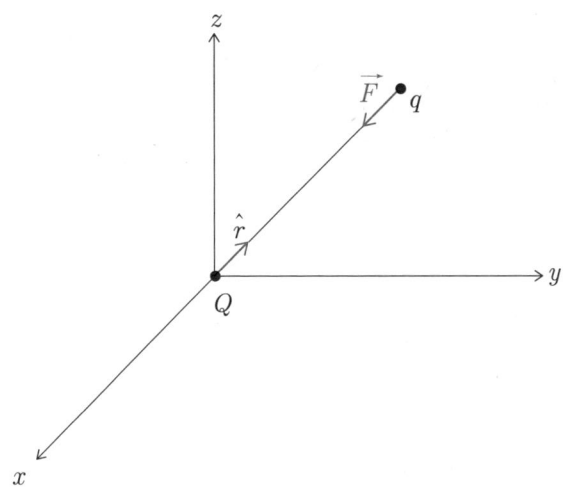

전지의 발명 _ 서로 다른 금속판 사이에 무슨 일이?

정교수 도선에 전지를 연결해야 전류가 흐른다는 것쯤은 알고 있겠지?

물리군 초등학생도 그 정도는 알걸요.

정교수 이번에는 전지를 발명한 영웅들의 이야기일세.

물리군 재밌겠군요!

정교수 최초의 전지 발명자는 볼타이지만 그 전에 먼저 갈바니에 대해 얘기해야겠네.

갈바니는 이탈리아 볼로냐에서 대장장이의 아들로 태어났다. 그는 볼로냐에서 의학을 공부하고 볼로냐 대학의 의대 교수가 되었다. 갈바니는 해부학에 관심이 많았는데 볼로냐 대학 해부학 교수의 딸인 루차(Lucia Galeazzi Galvani)와 결혼해 두 사람은 공동 연구를 하

갈바니(Luigi Galvani, 1737~1798)

세상에서 가장 쉬운 과학 수업 **특수상대성이론**

게 된다. 그들의 관심사는 동물과 전기 사이의 상관관계였다. 1791년 갈바니와 루차는 동물의 신경을 연구하던 중이었다. 그들은 금속 나이프로 식용 개구리의 껍질을 벗기고 그것을 금속 접시에 놓았다. 그때 개구리의 다리가 마치 살아 있는 것처럼 움직이는 것을 보고 개구리의 몸에 전기가 흐르고 있다고 생각했다. 두 사람은 이것에 '동물 전기'라고 이름을 붙였다.

갈바니와 루차는 동물마다 전기를 발생시키는 기관이 존재하고, 동물이 전기가 잘 통하는 물체와 부딪치면 방전을 일으키면서 동물의 근육에 경련이 일어난다고 생각했다. 동물 전기 실험은 화제가 되었고 여러 과학자들은 갈바니의 개구리 실험을 앞다투어 따라 했다.

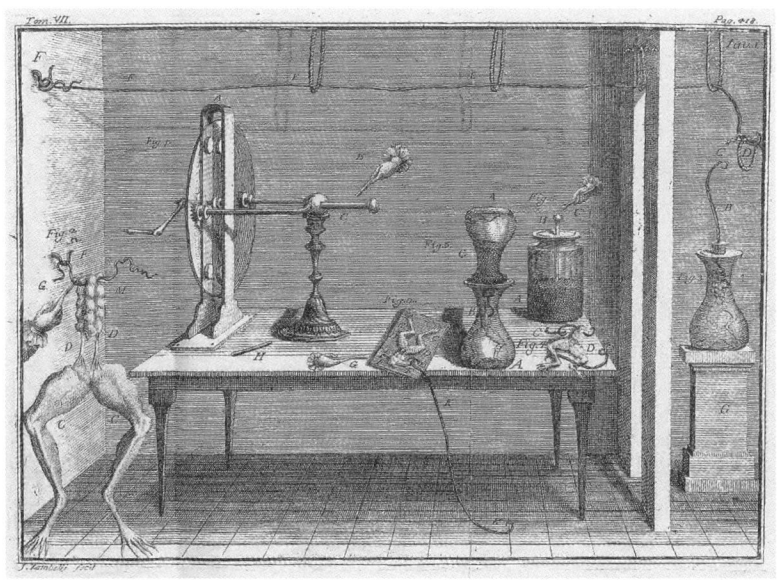

갈바니의 실험

이후 프랑스 대혁명의 영향으로 이탈리아에도 공화국이 수립되었다. 노년의 갈바니는 새로운 지배자에게 복종하지 않아 교수의 자리를 빼앗기고 집에서 여생을 보내다가 1798년 세상을 떠났다.

물리군　갈바니가 전지를 발명한 건 아니군요.

정교수　건전지를 사면 1.5V라고 쓰여 있어. V는 전압의 단위인 볼트를 나타내지. 이것은 전지의 발명자인 볼타(Volta)의 첫 철자라네. 이제 볼타의 일생과 그의 연구에 대해 살펴보세.

볼타는 이탈리아 북부의 코모에서 태어나 물리학을 공부했다. 그는 어릴 때부터 이상한 행동을 많이 했다. 4살이 되어 처음 말을 하기 시작했을 때 그가 주로 내뱉은 단어는 '싫어'라는 말이었다. 7살 때는 몬테베르데 샘에서 금을 찾는다고 물로 뛰어들었던 적도 있었다. 다행히 목숨은 건졌지만 부모님의 실망이 이만저만이 아니었다. 하지

볼타(Alessandro Giuseppe Antonio Anastasio Volta, 1745~1827)

만 이때부터 볼타는 다른 또래 아이들과 같은 수준의 지능을 보였고 갈수록 지적 능력은 다른 아이들보다 훨씬 발전되었다. 어린 시절 볼타는 호기심이 무척 많았다. 특히 급류를 거슬러 올라가면서 자연을 관찰하는 것을 즐겼다.

볼타는 코모의 공립학교를 졸업하고 문학에 뜻을 두었다. 그러다가 우연히 영국의 프리스틀리가 쓴 전기에 관한 책을 읽고는 친구인 지울리오와 함께 전기를 연구하기 시작했다. 이 시기에 볼타는 전기를 이용한 여러 가지 발명품을 만들었다. 예를 들면 비단이 마찰되면서 생긴 전기로 작동되는 기계라든가 전기를 오래 보관해 두는 전기쟁반 같은 것들이다.

볼타의 발명품 중에 재미있는 것은 전기 권총이다. 이것은 병 속에 기체를 담고 총알로 병을 막은 다음 병 안에 전기 불꽃을 일으켜 발사되는 장치였다. 비록 전쟁에서 쓰일 정도는 아니었지만 볼타는 이 권총으로 아가씨들을 깜짝 놀라게 하는 장난을 치곤 했다. 그는 전기 권총으로 할 수 있는 좀 더 재미있는 일을 떠올렸다. 그것은 코모에서 전선을 전기쟁반과 연결하여 50킬로미터 떨어진 밀라노에서 전기 불꽃을 일으켜 권총이 발사될 수 있을 거라는 생각이었다. 이것은 지금의 전화의 원리와 비슷하다.

볼타는 코모 왕립학교에서 물리학을 공부하고, 1774년 모교의 물리학 교수가 되었다. 이 시기에 그는 기체의 화학에 관심이 많았다. 1776년부터 1778년 사이에 볼타는 메탄을 발견하는 데 성공한다. 메탄은 사람들의 방귀 속에도 들어 있는데 주로 늪지에서 많이 발생

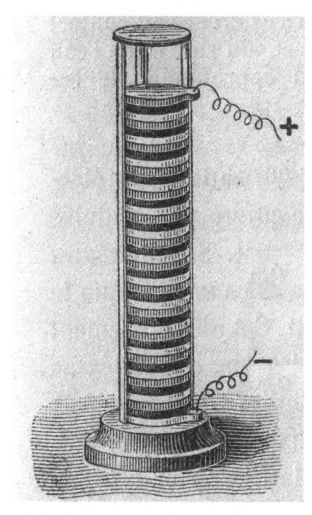

볼타 전지

하는 기체이다. 볼타는 늪지에서 솟아오르는 기체의 성질을 조사하기 위해 늪지 바닥을 휘저어 메탄가스의 거품이 위로 잔뜩 올라오게 했다. 그리고 이 기체를 모아서 전기 스파크를 일으켜 불꽃이 일어나는 것을 관찰했다.

1779년 파비아 대학 물리학 교수가 된 볼타는 본격적으로 축전기와 전지에 대한 연구를 하게 된다. 갈바니의 유명한 '개구리 다리의 실험'을 연구하던 볼타는 갈바니의 주장을 뒤엎는 이론을 내세운다. 그는 서로 다른 금속판 사이에 전기가 통하는 물질을 넣으면 전류가 흐른다는 사실을 알아냈다. 그는 이것을 토대로 1800년 최초의 전지인 볼타 전지를 발명했다.

볼타는 갈바니와 절친한 친구 사이였지만 갈바니의 동물 전기를 비판하면서 두 사람의 사이는 벌어졌다. 또한 이탈리아에 새로운 공화국이 수립되었을 때 갈바니가 충성을 약속하지 않은 반면 볼타는 새 정부에 충성을 맹세해 죽을 때까지 편안하게 연구를 할 수 있었다.

물리군 두 개의 서로 다른 금속판 사이에는 왜 전류가 흐르나요?

정교수 서로 다른 금속 사이에 전기가 통하는 물질을 넣으면 두 금속 중 한 금속은 양전하를, 다른 금속은 음전하를 띠게 되네. 볼타는 구리와 아연을 사용했는데 이때 구리는 양전하를 띠고 아연은 음전하를 띠게 되지. 볼타는 여러 가지 금속들로 실험을 한 결과 다음과 같은 금속들 사이의 관계를 알아냈어.

아연 – 납 – 주석 – 철 – 구리 – 은 – 금

위 관계에서 두 금속을 택하면 왼쪽에 있는 금속은 음전하를, 오른쪽에 있는 금속은 양전하를 띠게 되네. 그 사이에 전기가 통하는 물질을 두면 양전하를 띤 금속에서 음전하를 띤 금속 쪽으로 전류가 흐르게 되지.

물리군 볼타의 전지는 지금의 건전지 모습은 아니군요.

정교수 볼타의 전지에서 두 개의 금속판 사이에 전기가 통하는 물질로는 소금물에 적신 종이가 사용되었어. 그런데 볼타 전지의 문제는 소금물이 말라버리면 더 이상 전류가 흐르지 않는다는 것이었지. 1865년 프랑스의 르클랑셰(G. Leclanché, 1839~1882)는 이 문제를 해결했네. 소금물에 적신 종이 대신 전기가 잘 통하는 액체 상태의 염화암모늄을 사용하고 양전하를 띠는 탄소막대와 음전하를 띠는 아연을 이용하여 지금의 건전지를 발명한 거지.

물리군 그렇군요!

정교수 이제 한 사람만 더 이야기하면 되네.

물리군 그게 누군가요?

정교수 바로 독일의 물리학자 옴일세.

옴(Georg Simon Ohm, 1789~1854)

독일 뮌헨 대학의 옴은 1827년 전류와 전지의 전압 사이의 관계를 조사했다. 옴은 전지의 전압이 크면 도선에 흐르는 전류의 세기가 커진다는 것을 알아냈다. 즉, 전압 V와 전류 I가 비례한다는 것이다. 이때 비례상수를 R라 쓰고 전기저항 또는 저항이라고 불렀다. 옴의 법칙을 수식으로 나타내면

$$V = R \times I$$

가 된다. 전기저항의 단위는 그의 이름을 붙여 옴이라고 부르게 되었다.

전기장 _ 전기력 게임을 할 준비가 되었다!

정교수 이제 전기장에 대해 알아볼까? 오른쪽 그림과 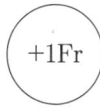 같이 1Fr의 전하를 놓아 보게. 이렇게 전하가 한 개만 있는 경우에는 전기력을 생각할 수 없다네.

물리군 전기력은 두 전하 사이에 작용하는 힘이기 때문이죠?

정교수 그렇지. 하지만 공간에 전하 한 개를 놓아두었다는 사실만으로도 우리는 이제 전기에 대한 게임을 할 준비가 된 거라네.

물리군 게임이요?

정교수 축구장에 축구공 하나만 덩그러니 놓여 있어도 축구를 할 준비가 된 것이지 않은가? 하지만 공을 찰 선수가 없다면 축구 경기는 이루어지지 않아. 이렇게 공간에 전하 한 개만 놓아도 전기력이라는 게임을 할 준비가 되는데 이런 공간을 전기장이라고 하지. 이 전기장에 대해 자세히 알아보겠네.

전기장의 개념은 1830년경 패러데이가 주장한 아이디어이다. 이제 이 전기장이라는 공간에 1Fr의 전하를 놓아 '전기력 게임'을 하려고 한다. 1Fr의 전하로부터 같은 거리에 있는 2Fr의 전하들은 모두 같은 크기의 힘을 받게 된다. 여기서 같은 거리를 1cm로 선택하자. 그러면 다음 그림과 같이 1Fr의 전하가 있는 위치를 중심으로 하고 반지름이 1cm인 원 위의 모든 점에서 2Fr의 전하들이 받는 전기력의 크기는 같다.

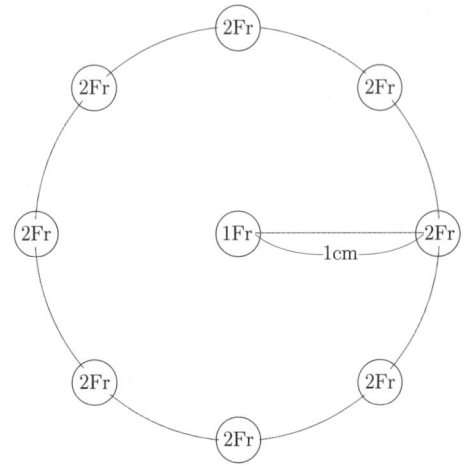

하지만 2Fr의 전하들이 받는 전기력의 방향은 서로 다르다. 두 전하가 같은 부호이므로 전기력의 방향은 다음 그림과 같다.

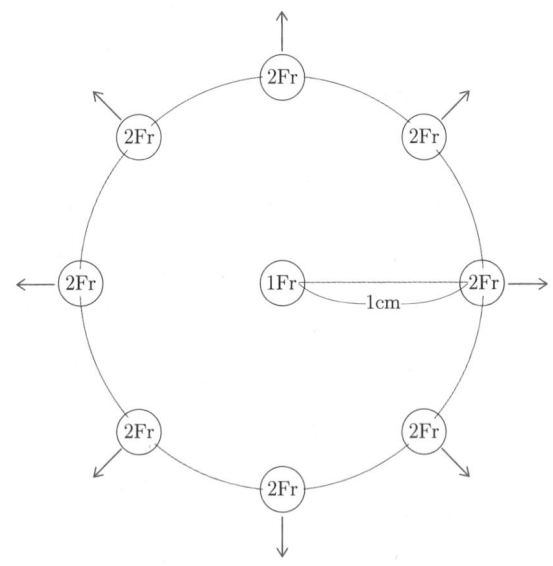

세상에서 가장 쉬운 과학 수업 **특수상대성이론**

이번에는 다음 그림을 보자.

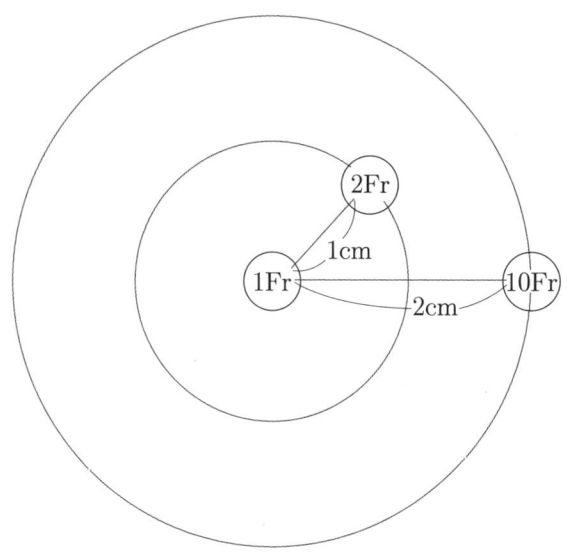

이 그림에서 2Fr의 전하가 받는 힘과 10Fr의 전하가 받는 힘을 비교해 보자.

(2Fr의 전하가 받는 힘) = 2(dyn)

(10Fr의 전하가 받는 힘) = 2.5(dyn)

그러므로 1Fr의 전하로부터 더 멀리 떨어져 있는 10Fr의 전하가 받는 전기력이 더 가까이 있는 2Fr의 전하가 받는 전기력보다 크다.

물리군 더 멀리 떨어져 있는데 더 큰 전기력을 받는군요!

정교수 비교 대상인 두 전하의 전하량이 달라서 공정한 비교가 이루어지지 않기 때문이야. 이에 대해 좀 더 살펴보세.

물리학자들은

(2Fr의 전하가 받는 힘) = (2Fr) × (어떤 양)

이라고 정의하는데, 이 어떤 양을 전기장의 세기(또는 줄여서 전기장)라고 부른다. 이제 우리는 다음 식을 쓸 수 있다.

(2Fr의 전하가 받는 힘) = (2Fr) × 1

(10Fr의 전하가 받는 힘) = (10Fr) × $\dfrac{1}{4}$

이 정의로부터 우리는 1Fr이 만든 전기장이라는 공간에서 어느 위치의 전기장의 세기는 그 위치에 있는 전하의 전하량과는 관계가 없다는 것을 알 수 있다. 즉, 이런 식으로 1Fr이 만든 전기장이라는 공간의 각 위치에서 전기장의 세기는 1Fr의 전하로부터의 거리에만 의존한다는 것이다. 앞의 예에서 2Fr의 전하는 1Fr의 전하로부터의 거리가 1cm인 지점에 놓여 있고, 10Fr의 전하는 1Fr의 전하로부터의 거리가 2cm인 지점에 놓여 있다. 이 경우 각 위치에서 전기장의 세기는 다음과 같다.

(1Fr의 전하로부터의 거리가 1cm인 지점에서의 전기장의 세기)
= 1

(1Fr의 전하로부터의 거리가 2cm인 지점에서의 전기장의 세기)

$$= \frac{1}{4}$$

즉, 전기장의 세기는 1Fr의 전하로부터 멀어질수록 작아진다. 이 것이 전기장의 세기를 정의하는 이유이다.

일반적인 경우를 생각해 보자. 다음 그림과 같이 전하 Q가 만든 전기장이라는 공간 속에 이 전하로부터 거리 r인 곳에 전하 q를 놓아 보자. 간단히 하기 위해 두 전하가 양전하인 경우를 생각하자.

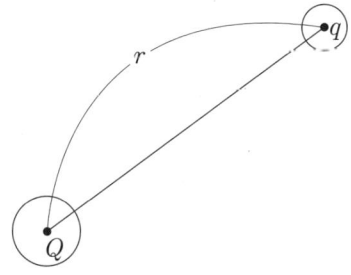

이때 전하 q가 받는 전기력의 크기는

$$F = \frac{qQ}{r^2}$$

가 된다. 그러므로 전하 Q로부터 거리 r인 곳의 전기장의 크기를 E라고 하면

$$E = \frac{Q}{r^2}$$

가 된다. 이 두 사실로부터

$$F = qE$$

가 된다.

가우스의 법칙 _ 핵심으로 가는 어려운 길목

정교수　이제 가장 어려운 내용으로 들어가야겠어. 피해갈 수는 없네.

물리군　바짝 긴장해야겠군요.

정교수　전하량이 Q인 전하의 위치를 원점으로 놓아 보게. 그리고 거리가 r만큼 떨어진 곳에 전하량이 q인 전하가 있다고 하겠네.

이때 전하량이 q인 전하가 받는 힘은

$$\vec{F} = \frac{Qq}{r^2}\hat{r}$$

가 된다. 전기력이 벡터이기 때문에 전기장 역시 벡터가 된다. 그러니까 전하량이 Q인 전하가 원점에 있을 때 주변에서의 전기장 벡터는 다음과 같다.

$$\vec{E} = \frac{Q}{r^2}\hat{r}$$

$\hat{r} = \dfrac{\vec{r}}{r}$ 를 이용하면 앞의 식을 다음과 같이 쓸 수 있다.

$$\vec{E} = \frac{Q}{r^3}\,\vec{r}$$

또한 전기장 벡터를 성분으로 나타낼 수도 있다.

$$\vec{E} = E_x\hat{i} + E_y\hat{j} + E_z\hat{k}$$

그러니까

$$E_x = \frac{Qx}{r^3}$$

$$E_y = \frac{Qy}{r^3}$$

$$E_z = \frac{Qz}{r^3}$$

가 된다.

정교수 이번에는 다음 그림을 보게. 전하 Q가 있는 위치를 중심으로 하고 반지름이 r인 구를 그려 보았네.

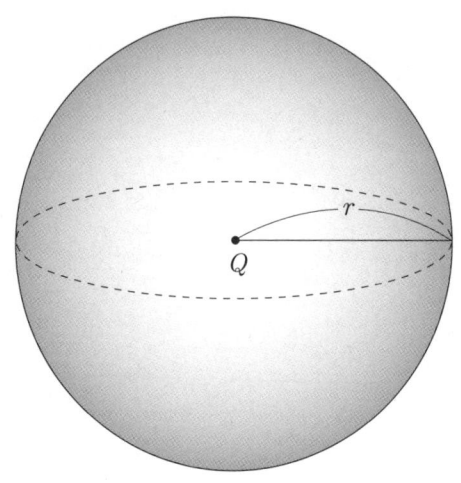

구의 각 점에서 구의 표면에 수직이면서 크기가 1인 벡터를 $\hat{n}$이라고 하자. 이 벡터는 구 위의 각 점에서 다른 방향을 가리킨다. 즉, 구의 표면에서 위치에 따라 달라지는 크기가 1인 벡터이다.

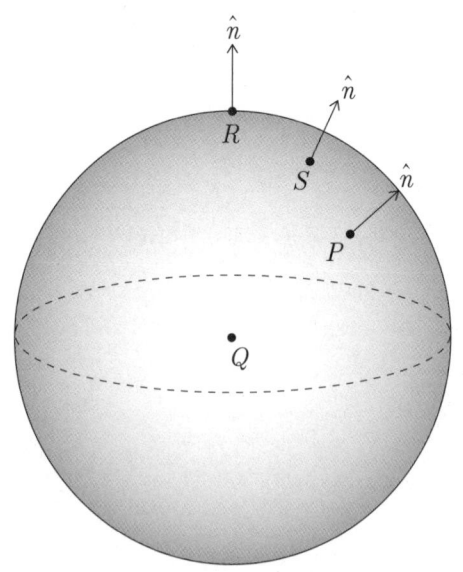

이제 다음 적분을 보자.

$$\iint (\vec{E} \cdot \hat{n})\, da$$

물리군 da가 뭔가요?

정교수 그것은 넓이 요소라고 부르는데 아주 작은 면적을 나타낸다고 생각하면 돼. 이 넓이 요소를 모두 더하면 전체 면적이 되지. 이렇게 넓이 요소를 모두 더하는 것은 적분기호 두 개를 써서 나타내는데 이것을 중적분이라고 부르네.

$$\iint da = (\text{전체 넓이})$$

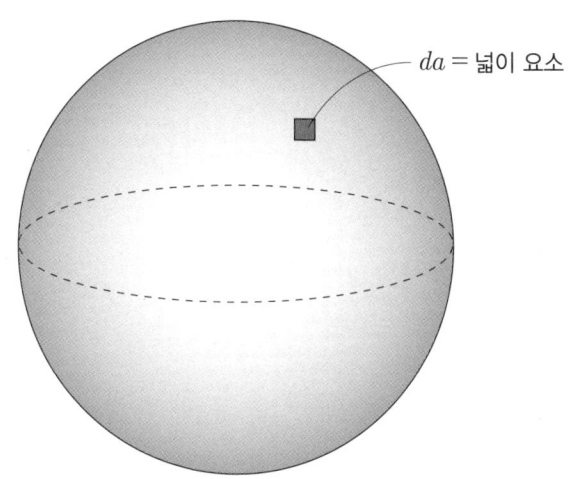

$da = $ 넓이 요소

이 적분에서 적분의 영역은 구의 표면 전체가 된다. 구의 표면에서

$$\vec{E} = \frac{Q}{r^2}\hat{r}$$

이고, $\hat{n} = \hat{r}$ 가 된다.

그러므로

$$\iint (\vec{E} \cdot \hat{n})\, da = \iint \left(\frac{Q}{r^2}\hat{r} \cdot \hat{r} \right) da$$

$$= \iint \left(\frac{Q}{r^2} \right) da$$

$$= \left(\frac{Q}{r^2} \right) \iint da$$

$$= \left(\frac{Q}{r^2} \right) \times (\text{구의 표면적})$$

$$= \frac{Q}{r^2} \times 4\pi r^2$$

$$= 4\pi Q$$

가 된다. 즉, 다음 관계식을 얻게 된다.

$$\iint (\vec{E} \cdot \hat{n})\, da = 4\pi Q \qquad (4\text{–}6\text{–}1)$$

물리군 휴! 겨우 따라왔어요.

정교수 위 식의 우변에서 전하밀도(전하량을 부피로 나눈 값)를 ρ라
고 하면 전하량은

$$Q = \iiint \rho \, dv \qquad\qquad (4\text{-}6\text{-}2)$$

라고 쓸 수 있지.

물리군 에고. 이번에는 적분기호가 3개군요. 그런데 dv는 또 뭔가요?

정교수 부피 요소라고 부르는데 아주아주 작은 부피를 나타낸다고 생각하면 돼. 이 부피 요소를 모두 더하는 것을 적분기호 3개를 써서 나타내는데 삼중적분이라고 부르지.

$$\iiint dv = (\text{전체 부피})$$

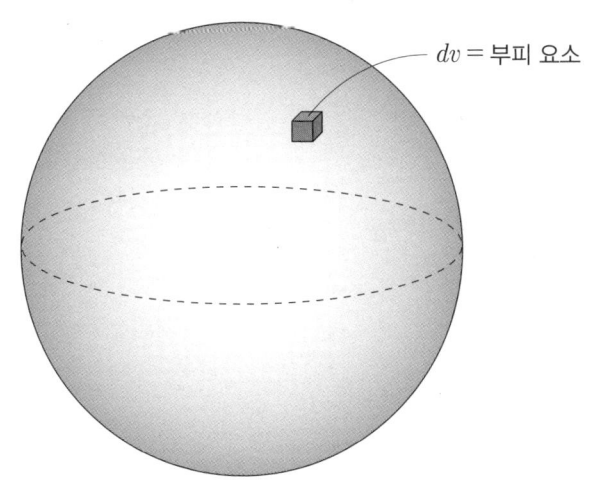

dv = 부피 요소

물리군 그렇다면 식 (4-6-1)은

$$\iint (\vec{E} \cdot \hat{n}) \, da = 4\pi \iiint \rho \, dv \qquad\qquad (4\text{-}6\text{-}3)$$

가 되는군요! 어라? 왼쪽은 적분기호가 두 개이고 오른쪽은 적분기호
가 세 개인데요?

정교수 왼쪽도 적분기호가 세 개인 표현으로 나타낼 수 있어. 수학
자 가우스가 한 방법인데 다음과 같아.

$$\iint (\vec{E} \cdot \hat{n})\, da = \iiint \vec{\nabla} \cdot \vec{E}\, dv \tag{4-6-4}$$

물리군 $\vec{\nabla}$는 뭔가요?

정교수 벡터미분연산자라고 부르는데 다음과 같이 정의된다네.

$$\vec{\nabla} = \hat{i}\frac{\partial}{\partial x} + \hat{j}\frac{\partial}{\partial y} + \hat{k}\frac{\partial}{\partial z}$$

그러니까

$$\vec{\nabla} \cdot \vec{E} = \frac{\partial E_x}{\partial x} + \frac{\partial E_y}{\partial y} + \frac{\partial E_z}{\partial z}$$

이지.

물리군 그렇다면 식 (4-6-3)은

$$\iiint \vec{\nabla} \cdot \vec{E}\, dv = 4\pi \iiint \rho\, dv \tag{4-6-5}$$

가 되는군요.

정교수 그래서

$$\vec{\nabla} \cdot \vec{E} = 4\pi\rho$$

또는

$$\frac{\partial E_x}{\partial x} + \frac{\partial E_y}{\partial y} + \frac{\partial E_z}{\partial z} = 4\pi\rho$$

가 되네. 이것을 가우스 법칙이라고 부르지.

전위(전기퍼텐셜)_ 중력과 닮은 전기력의 성질

정교수 이제 전위에 대한 이야기를 해야겠네. 다음 그림을 보게.

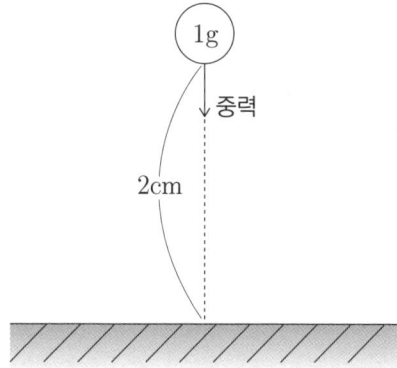

질량 1g인 물체가 바닥으로부터 2cm 높이에 있다. 이 물체는 중력 때문에 바닥으로 떨어질 것이다. 이번에는 다음 그림을 보자.

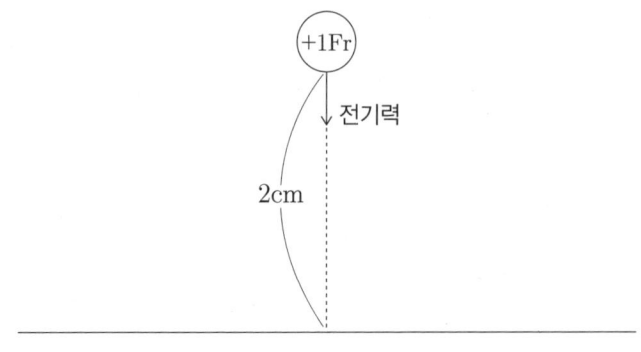

전하량이 +1Fr인 양전하가 음으로 대전된 바닥 위 2cm 높이에 있다. 이때 전하량이 +1Fr인 전하는 전기력 때문에 바닥으로 떨어질 것이다.

물리군 두 경우가 많이 닮았어요.

정교수 그래서 물리학자들은 중력에 의한 퍼텐셜에너지처럼 전기력에 의한 퍼텐셜에너지를 정의하지. 다음 그림을 보게.

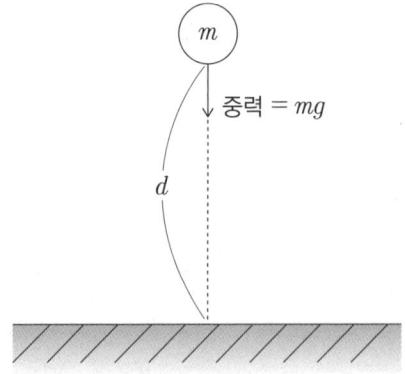

이때 바닥을 퍼텐셜에너지가 0인 지점이라고 약속하면 높이 d에 있는 질량 m인 물체의 중력에 의한 퍼텐셜에너지는

$$U = mgd$$

가 된다. 이번에는 다음 그림을 보자.

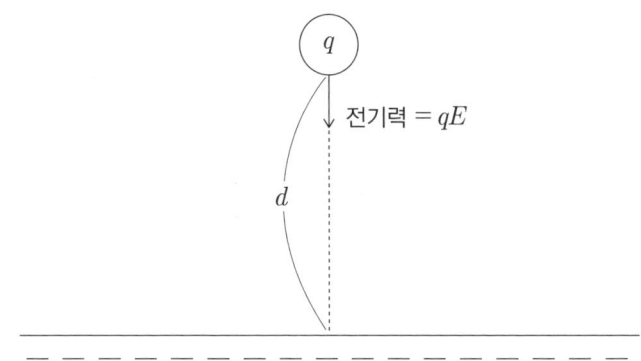

바닥을 퍼텐셜에너지가 0인 지점이라고 약속하자. 이때 음전하인 바닥은 전기장의 세기 E를 만들게 된다. 또한 전하량 q를 양수라고 하자. 이때 전하량이 q인 전하는 아래 방향으로 전기력

$$F = qE$$

를 받게 된다. 중력에 의한 퍼텐셜에너지처럼 높이 d에 있는 전하량이 q인 전하의 전기력에 의한 퍼텐셜에너지를 다음과 같이 정의하겠다.

$$U = qEd$$

그러므로 중력이 한 일과 전기력이 한 일은 다음과 같다.

(중력이 한 일) $= W_g = mgd$

(전기력이 한 일) $= W_e = qEd$

물리군　비슷한 모습이군요.

정교수　그렇다네. 전기장을 정의할 때처럼 $q = +1\text{Fr}$으로 선택했을 때의 전기적 위치에너지를 우리는 전위 또는 전기퍼텐셜이라 부르고 V라고 쓰네.

그러므로 우리의 예에서

$V = Ed$

또는

$$V = \frac{W_e}{q}$$

로 나타낼 수 있다. 이제 다음 그림을 보자.

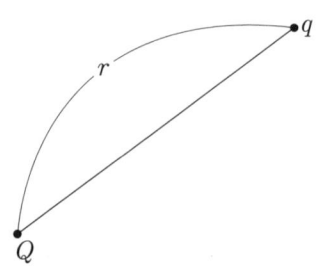

이 그림에서 Q와 q 모두 양수라고 하자. 이때 q가 있는 곳에서의 전위는

$$V = \frac{(일)}{q}$$
$$= \frac{(전기력) \times (거리)}{q}$$

가 된다. 한편

$$(전기력) = \frac{Qq}{r^2}$$
$$(이동거리) = r$$

이므로

$$V = \frac{Q}{r}$$

가 된다. Q가 양수라고 했으므로 전위 V는 양수가 된다. 만일 우리가 Q가 음수인 경우를 논의했다면 전위 V는 음수가 된다. 즉, 전위는 양수가 될 수도 있고 음수가 될 수도 있다.

물리군 그렇군요.

정교수 이제 다음 그림을 보게. 중력에 의해 물체는 높은 곳에서 낮은 곳으로 내려가네. 즉, 중력에 의한 퍼텐셜에너지가 큰 곳에서 작은 곳으로 물체가 이동하지.

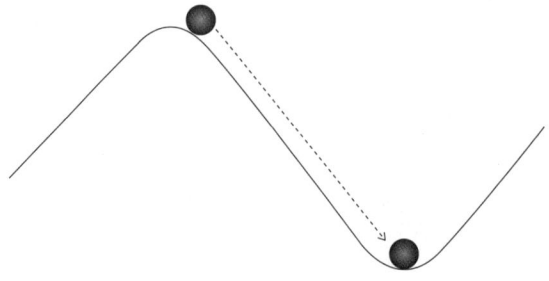

이번에는 다음과 같이 양전하를 띤 도체판과 음전하를 띤 도체판 사이에 +1Fr의 전하량을 가진 전하를 놓아 보자.

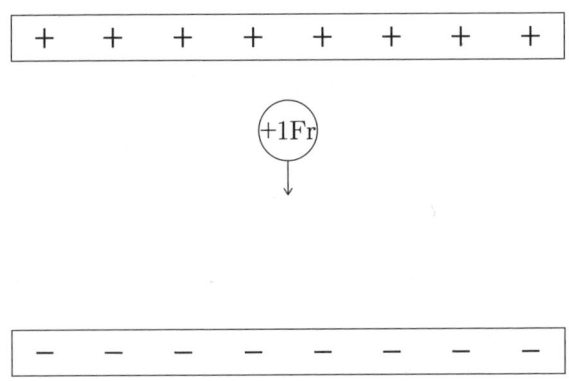

이때 +1Fr의 전하량을 가진 전하는 위에서 아래로 내려온다. 위는 양전하를 띠고 있으므로 전위는 양수이고 아래는 음전하를 띠고 있으므로 전위는 음수이다. 즉, 위쪽 판은 전위가 높은 곳, 아래쪽 판은 전위가 낮은 곳을 나타낸다. +1Fr의 전하량을 가진 양전하는 전위가 높은 곳에서 전위가 낮은 곳으로 이동한다. 여기서 두 전위의 차이를 전위차라 하고 ΔV라고 쓴다. +1Fr의 전하량을 가진 전하가 내려가는 것은 두 판 사이에 전기장이 있기 때문이다. 이때 전기장의 방향은 위에서 아래로 향한다. 두 판 사이의 전기장의 세기를 E라고 하면

$$V = Ed$$

가 성립한다.

물리군 전기장이 두 판 사이에만 존재하나요?

정교수 그렇네.

물리군 왜 그런 거죠?

정교수 다음과 같은 양전하를 띤 판[9]을 생각해 보게.

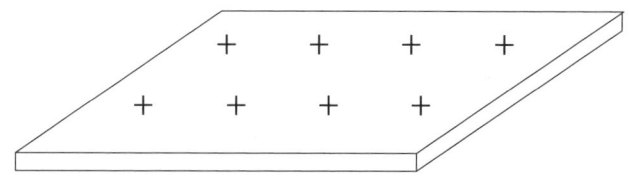

이 판에 다음과 같은 가우스 면을 만들어 보자.

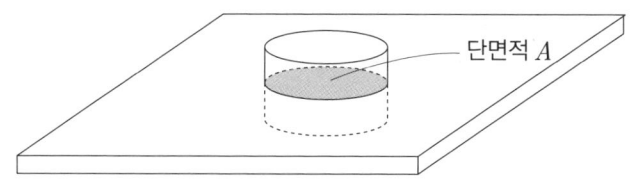

단면적 A

---

9) 가우스 법칙을 쓰기 위해 판의 넓이가 무한히 큰 경우를 생각했다.

여기서 원통의 밑면적은 A이고 원통의 높이는 거의 0에 가까울 정도로 작게 만들어야 한다. 이 그림을 옆에서 보고, 전기장의 방향을 화살표로 그려 보자.

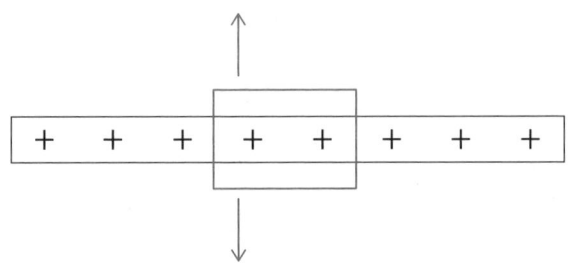

도체판이 양전하를 띠고 있으므로 도체판에서 밖으로 나가는 방향이 전기장의 방향이다. 이제 전기장의 세기를 E라고 하자. 원통의 표면은 두 개의 밑면과 옆면으로 이루어져 있는데 원통의 높이를 거의 0이 되게 잡았으므로 옆면의 넓이는 거의 0이 된다. 그러므로 가우스 법칙에 따라

$$EA + EA = 4\pi q$$

가 된다. 여기서 q는 단면 A 속의 전하량이다. 이 식에서

$$E = \frac{2\pi q}{A}$$

가 된다. 이제 도체판 전체의 전하량을 Q라고 하면

(도체판 전체의 넓이) : $A = Q : q$

이니까

$$q = \frac{Q}{(\text{도체판 전체의 넓이})} \times A$$

가 된다. 이때 도체판 전체의 전하량 Q를 도체판 전체의 넓이로 나눈 값을 도체판의 면전하밀도라 하고 σ라고 쓴다. 그러므로

$$q = \sigma A$$

가 된다. 그러므로 양전하를 띤 도체판에 의한 전기장의 세기는

$$E = 2\pi\sigma = (\text{일정})$$

하다.

한편 도체판이 음전하를 띠는 경우 전기장의 방향은 다음과 같다.

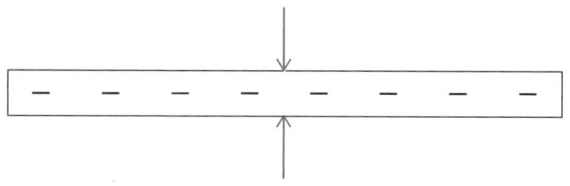

이제 양전하를 띤 도체판과 음전하를 띤 도체판 사이의 전기장의 세기를 그려 보자.

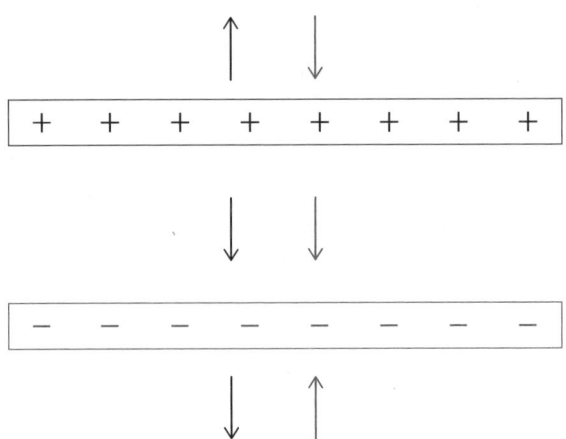

　검은색은 양전하를 띤 도체판에 의한 전기장의 세기를, 파란색은 음전하를 띤 도체판에 의한 전기장의 세기를 나타낸다. 그림에서 보듯이 도체판의 외부에서는 전기장의 세기가 0이 되고 도체판 내부에서는 전기장의 세기가

$$E = 4\pi\sigma = (일정)$$

하다는 것을 알 수 있다.

물리군　두 개의 반대 부호를 띤 도체판은 무슨 역할을 하나요?

정교수　이것이 바로 전기를 저장하는 '전기의 은행' 역할을 하는 축전기야. 가장 간단한 축전기는 크기는 같고 부호는 반대인 전기를 띤 두 도체판을 평행하게 하여 만드는데 이것을 평행판 축전기라고 부르지. 평행판 축전기를 그림과 같이 전지에 연결하면 위쪽 판은 양전하를 띠고 아래쪽 판은 음전하를 띠게 되네.

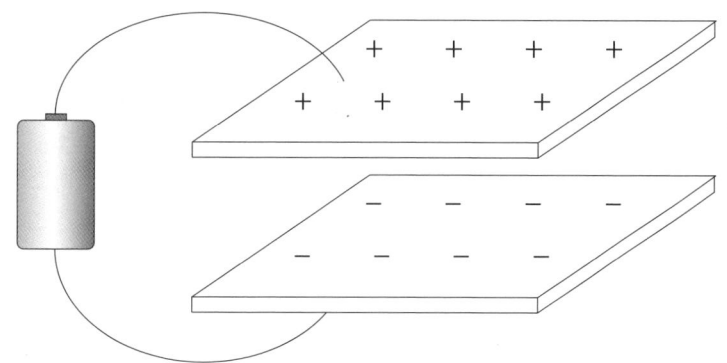

과학자들은 평행판 축전기에 축적되는 전하량 Q가 두 판 사이의 전위차 ΔV에 비례한다는 것을 알아내고 그 비례상수를 전기용량이라고 불렀다. 전기용량은 C로 나타낸다. 그러므로 다음과 같은 관계식이 성립한다.

$$Q = C \Delta V$$

이 식으로부터 축전기의 전기용량은

$$C = \frac{Q}{\Delta V}$$

가 된다. 한편

$$Q = \sigma A \quad (A\text{는 판의 넓이})$$

이고,

$$E = 4\pi\sigma$$

이므로 평행판 축전기의 전기용량은

$$C = \frac{Q}{Ed} = \frac{\sigma A}{4\pi\sigma d} = \frac{A}{4\pi d}$$

가 된다.

물리군 이 공식은 중요한가요?

정교수 아주 중요하네. 다음 장에서 매우 큰 역할을 하게 될 거야.

전기와 자기의 비밀

자기장 _ 거대한 자석, 지구

정교수 먼저 자석에 대한 이야기를 하겠네. 자석은 아주 오래전부터 사용되었지.

물리군 언제부터인가요?

정교수 정확히는 알 수 없지만 기원전 1000년 이전부터 사용된 걸로 생각되네.

고대 소아시아(Asia Minor)의 마그네시아에는 자철석이 많이 있었다. 자철석은 철의 산화물로 천연자석의 원료이다. 당시 이 지방 사람들은 자철석에 쇠붙이가 달라붙는다는 것을 알고 있었다. 그래서 자석(magnet)과 마그네시아(Magnesia)의 철자가 비슷하다고 한다.

자석은 이미 기원전부터 중국에서 사용되었고 자석의 N극이 북쪽을 가리킨다는 것은 기원 전후에 알려진 사실이다. 중국의 풍수가들은 자석을 집이나 묘의 자리를 잡는 데에 이용하기도 했다. 중국인들은 물에 자침을 띄워 방향을 찾는 방법을 알고 있었는데, 11세기에 들어와 이 방법을 항해에도 사용하였다. 나침반의 원조인 이 장치는 당시에 중국에 왔던 아랍 상인들에게 전해졌고, 마침내 유럽 사람들에게도 알려지게 되었다.

물리군 나침반을 중국인들이 발명했군요.

정교수 그렇지. 유럽에서 쓰인 자석에 관한 책으로 가장 오래된 것은

1269년 프랑스 천문학자 페레그리누스가 쓴 《자석에 대한 편지》이 네. 이 책에서 그는 자석의 양 극(N극과 S극), 나침반 등 자석의 여러 가지 성질에 대해 설명했어. 페레그리누스는 체계적인 실험을 바탕 으로 그때까지 유럽에 알려진 지식을 종합하여 자석에 대한 연구의 기초를 마련했지. 그는 두 개의 자석에 대해 같은 극끼리는 서로 밀고 다른 극끼리는 서로 잡아당긴다는 것을 알아냈네. 그러나 그의 연구 는 계속 이어지지 못하고 사람들 사이에서 잊혀 갔지.

그로부터 300여 년이 지난 뒤인 1581년 영국의 선원이자 기계 제 작자인 로버트 노먼은 《새로운 인력》이라는 책에서 자석에 대해 설 명했다. 이 책에서 노먼은 나침반의 성질에 대해 다루었다. 그 후 체 계적으로 자석에 대한 연구를 한 사람은 영국의 윌리엄 길버트이다.

길버트는 영국의 유명한 의사이며 동시에 지구가 하나의 큰 자석 이라는 사실을 알아낸 물리학자이다. 그는 29살에 영국 런던에 병원

길버트(William Gilbert, 1544~1603)

을 차렸고 55살이 되던 1599년에는 영국 왕립의과대학의 총장이 되었다. 이듬해인 1600년에는 엘리자베스 여왕의 주치의가 된다. 길버트는 의사로서뿐 아니라 자석에 대한 많은 연구로 유명한데 1600년 자석의 모든 성질을 정리한 《자석에 관하여》라는 책을 출간했다. 이 책에서 길버트는 지구가 자석이라는 것을 최초로 밝혔다. 그는 자기 현상이 균일한 물질로 이루어진 지구의 여러 부분들이 서로 일정한 방향으로 향하려는 성질이라고 생각했다.

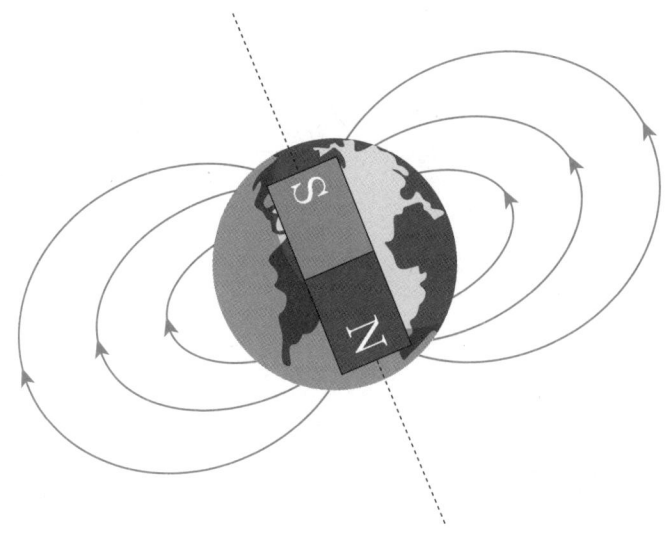

전류의 자기 작용 _ 전류가 흐르면 나침반이 움직인다?!

정교수 자석이 없어도 자기장을 만들 수 있다네.

물리군 그게 무슨 말인가요?

정교수 전류도 자기장을 만들 수 있다는 얘길세. 이 사실을 처음 알
아낸 사람은 덴마크의 외르스테드라네.

1820년 어느 날 코펜하겐 대학의 물리학과 교수인 외르스테드는 강
의 시간에 전류의 효과를 학생들에게 설명하려고 했지. 교탁 위에는
지난 시간에 수업했던 나침반이 도선 근처에 놓여 있었어. 외르스테
드는 이를 대수롭지 않게 여기고 도선에 전류를 흘려보냈네. 그런데
놀라운 일이 벌어졌지. 도선에 전류가 흐르는 순간 나침반의 자침이
다른 방향을 가리킨 거야.

물리군 전류가 자석과 같은 작용을 했군요!

외르스테드(Hans Christian Ørsted, 1777~1851)

정교수 그렇다네. 원래 나침반 자침의 N극은 항상 북쪽을 가리키는데 주위에 전류가 흐르니 가리키는 방향이 달라졌지. 이것은 아주 중요한 발견이었어. 왜냐하면 이전까지는 전기 현상과 자석에 의한 자기 현상은 서로 아무 관계가 없는 것으로 생각되었기 때문이야. 전류는 전기 현상이고 나침반은 자기 현상인데 전류가 흐르는 곳 주위에서 자침의 방향이 바뀐다는 것은 전기 현상과 자기 현상이 서로 관계가 있음을 뜻하는 것이지.

외르스테드는 도선 주위에 여러 개의 나침반을 놓아 보았네. 그리고 전류를 흘려보냈지. 그랬더니 나침반의 N극이 원을 도는 방향으로 배열되는 것을 발견했어.

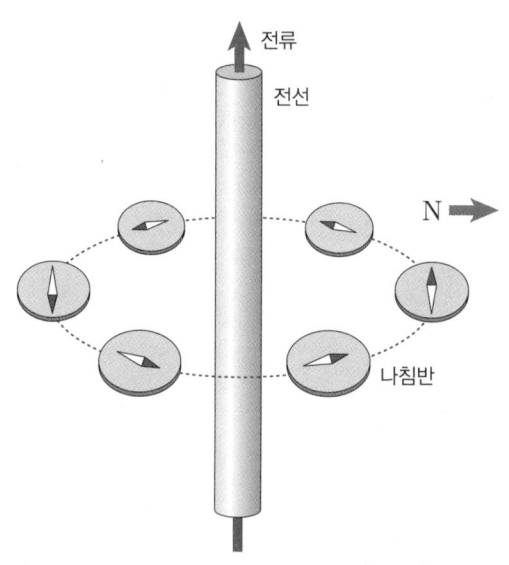

물리군 신기한 현상이네요!

앙페르의 법칙 _ 전류와 전류 사이에 작용하는 힘

정교수 　외르스테드의 실험은 많은 과학자들의 흥미를 끌었어. 전류가 주위에 자기장을 만든다는 것은 전류가 마치 자석처럼 행동한다는 뜻이지. 자석과 자석 사이에 자기력이 작용하듯이 전류가 흐르는 도선과 도선 사이에도 힘이 존재하지 않을까? 이런 생각을 먼저 한 과학자는 프랑스의 앙페르라네. 그에 대해 자세히 알아보세.

　앙페르는 1775년 프랑스 리옹에서 성공한 사업가인 장 자크 앙페르의 아들로 태어났다. 루소의 교육 이론의 신봉자인 아버지의 영향으로 앙페르는 학교에 다니지 않고 집에서 혼자 공부를 했다. 그는 수학을 잘해서 13살에 수학 논문을 쓸 정도였다. 오일러가 쓴 수학책을 읽고 싶었던 앙페르는 라틴어를 독학해 그의 책을 읽을 수 있게 되었다.

　프랑스 혁명 이후에 아버지 장 자크 앙페르에게 주어진 일은 자코

앙페르(André Marie Ampère, 1775~1836)

뱅 당의 주요 인물을 체포하는 것이었다. 그런데 프랑스에서 자코뱅이 득세하자 장 자크 앙페르는 단두대에서 처형되었다. 15살의 앙페르에게는 큰 시련이었지만 그는 신앙의 힘으로 이겨내면서 집에서 연구에만 몰두했다.

앙페르는 결혼 후 리옹에서 수학 선생을 하면서 지냈다. 그러다가 1804년에는 프랑스 혁명 이후 고등교육을 위해 설립되었던 프랑스 최고의 교육기관 에콜 폴리테크니크의 강사가 되었고 1809년에는 이 대학의 교수가 되었다.

앙페르는 외르스테드의 실험 결과를 토대로 자석과 자석의 자기력처럼 전류와 전류 사이에도 힘이 작용할 거라 생각하고 다양한 실험을 하기 시작했다. 그는 평행한 두 도선을 준비했다. 그리고 같은 방향으로 전류가 흐르는 경우를 생각했다.

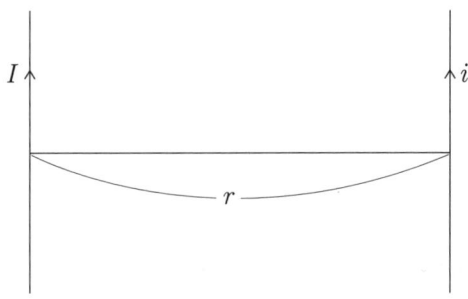

두 도선의 길이는 모두 L로 같고 왼쪽 도선에는 전류 I, 오른쪽 도선에는 전류 i가 흐르고 두 도선 사이의 거리는 r이다. 앙페르는 이 실험에서 두 도선 사이에 인력이 작용한다는 사실을 알아냈다. 그는 오른쪽 도선이 받는 힘(자기력)을 측정해 보았다.

$$F = \frac{2iIL}{c^2 r} \qquad (5\text{-}3\text{-}1)$$

여기서 c는 빛의 속도이다. 전기장처럼 앙페르는 왼쪽 전류로부터 거리 r만큼 떨어진 곳에서의 자기장 B를

$$B = \frac{2I}{cr} \qquad (5\text{-}3\text{-}2)$$

로 정의했다. 그러니까 오른쪽 도선이 받는 자기력은

$$F = \frac{1}{c} iLB \qquad (5\text{-}3\text{-}3)$$

가 된다. 이제 식 (5-3-2)를 다음과 같이 쓸 수 있다.

$$B \times (2\pi r) = \frac{4\pi}{c} I \qquad (5\text{-}3\text{-}4)$$

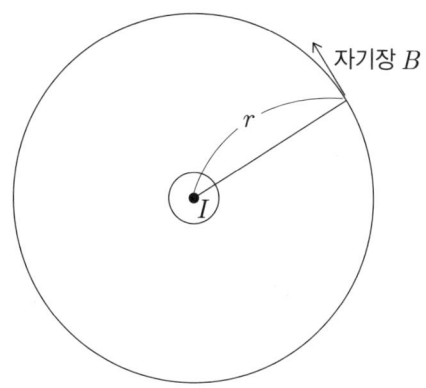

식 (5-3-4)는 다음과 같이 말할 수 있다.

$$B \times (\text{둘레 길이}) = \frac{4\pi}{c}I \qquad (5\text{-}3\text{-}5)$$

여기서 우리는 길이 요소 벡터를 정의해야 한다.

물리군　길이 요소 벡터라는 것은 넓이 요소나 부피 요소와 같은 개념인가요?

정교수　비슷하지만 길이 요소 벡터는 벡터라는 차이가 있네. 다음 그림처럼 원을 따라서 점 P에서 점 Q로 움직이는 경우를 생각해 보게.

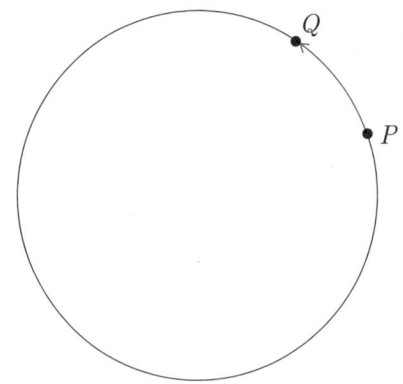

이때 점 P에서 점 Q로 향하는 벡터 $\overrightarrow{PQ}$는 다음 그림과 같다.

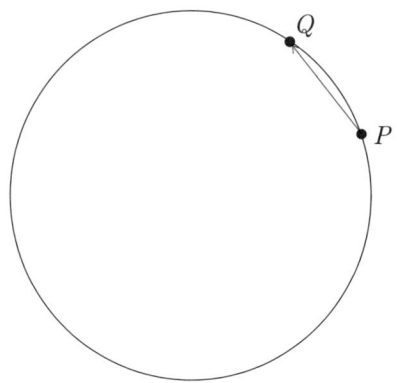

점 P에서 점 Q로 직선을 따라가는 것과 호를 따라가는 것은 완전히 다르다. 이제 두 점이 아주 가까워지는 경우를 생각해 보자. 이때 $\overrightarrow{PQ}$는 점 P에서의 접선 방향 벡터가 된다. 두 점이 너무너무 가까워지면 $\overrightarrow{PQ}$의 길이는 너무너무 작아서 거의 0에 가까운 수준이 된다. 방향은 물론 접선 방향이다. 이 아주 작은 크기를 갖는 벡터를 길이 요소 벡터라 부르고 $\overrightarrow{dl}$이라고 쓴다.

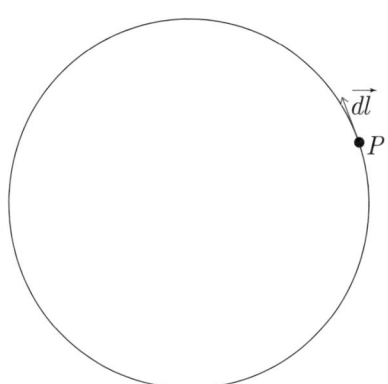

정교수 점 P에서 자기장의 방향은 어떻게 될까?

물리군 원형 자기장이니까 원의 접선 방향이 되는 건가요?

정교수 그렇지.

점 P에서 자기장의 방향과 길이 요소 벡터의 방향은 같다. 그러니까

$$\vec{B} \cdot \vec{dl} = |\vec{B}||\vec{dl}| \tag{5-3-6}$$

이 된다. 여기서 길이 요소 벡터의 크기 $|\vec{dl}|$을 길이 요소라고 부른다. 앙페르는 일반적인 닫힌곡선을 생각했을 때 식 (5-3-5)가 다음과 같은 형태로 성립한다는 것을 보였다.

$$\int_{\text{한 바퀴}} \vec{B} \cdot \vec{dl} = \frac{4\pi}{c} I \tag{5-3-7}$$

그래서 이것을 앙페르의 법칙이라고 부른다.

물리군 멋진 법칙이군요.

정교수 이제 우리는 전류밀도 벡터 $\vec{J}$를 정의해야 해. 일반적인 논의는 너무 어려우니까 조금 피하겠네. 다음 그림을 보게.

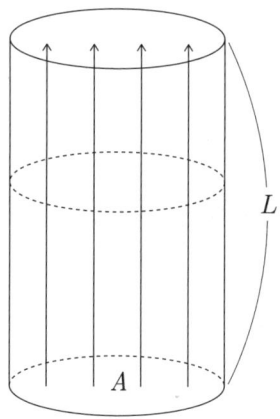

높이가 L이고 밑면적이 A인 원통 속에 전류 I가 균일하게 흐르고 있는 경우를 생각하자. 밑면적 A는 넓이 요소 da를 모두 더하면 된다. 밑면적이 넓이 요소 da인 원통을 그려 보자.

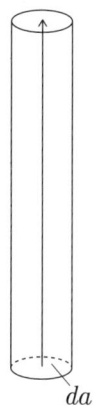

이때 전류밀도 벡터의 크기는 전류를 통과하는 수직 단면적으로 나눈 값으로 방향은 전류의 방향으로 정의한다. 넓이 요소 da를 통과

하는 전류밀도 벡터의 크기는

$$|\vec{J}| = \frac{dI}{da} \qquad (5\text{-}3\text{-}8)$$

가 된다. 여기서 dI는 전체 전류 중에서 넓이 요소 da를 통과하는 전류의 양이다. 전류밀도 벡터의 방향은 전류의 방향인데, 이것은 단면에 수직이다. 단면에 수직이고 크기가 1인 벡터를 $\hat{n}$이라고 하면

$$\vec{J} = |\vec{J}|\hat{n} = \frac{dI}{da}\,\hat{n} \qquad (5\text{-}3\text{-}9)$$

이 된다.

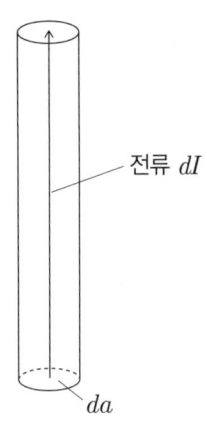

전류 dI

da

이 식의 양변에 $\hat{n}$을 내적시키면

$$\vec{J} \cdot \hat{n} = \frac{dI}{da} \qquad (5\text{-}3\text{-}10)$$

가 된다. 그러므로

$$dI = \vec{J} \cdot \hat{n} \, da \qquad (5\text{-}3\text{-}11)$$

이다. 모든 넓이 요소에 대해 흐르는 전류를 모두 더하면 총전류 I가 나와야 한다. 따라서 다음과 같다.

$$I = \iint dI = \iint \vec{J} \cdot \hat{n} \, da \qquad (5\text{-}3\text{-}12)$$

물리군 그렇다면 앙페르의 법칙은 다음과 같이 쓸 수 있겠네요.

$$\int_{\text{한 바퀴}} \vec{B} \cdot \vec{dl} = \frac{4\pi}{c} \iint \vec{J} \cdot \hat{n} \, da \qquad (5\text{-}3\text{-}13)$$

정교수 그렇네.

물리군 이번에는 왼쪽은 적분기호가 하나, 오른쪽은 적분기호가 둘이 되었어요.

정교수 수학자 스토크스가 왼쪽을 두 개의 적분기호로 나타내는 공식을 발견했지. 스토크스 정리는 다음과 같아.

$$\int_{\text{한 바퀴}} \vec{B} \cdot \vec{dl} = \iint \vec{\nabla} \times \vec{B} \cdot \hat{n} \, da \qquad (5\text{-}3\text{-}14)$$

물리군 그러면 앙페르의 법칙은

$$\iint \vec{\nabla} \times \vec{B} \cdot \hat{n} \, da = \frac{4\pi}{c} \iint \vec{J} \cdot \hat{n} \, da \qquad (5\text{-}3\text{-}15)$$

가 되네요!

정교수   그러니까 앙페르의 법칙은

$$\vec{\nabla} \times \vec{B} = \frac{4\pi}{c}\vec{J} \qquad (5\text{-}3\text{-}16)$$

로 쓸 수 있지.

물리군   이번에는 벡터미분연산자와 자기장 벡터의 외적으로 표현되는군요!

패러데이의 전자기 유도 법칙_ 자석이 움직이면 무슨 일이 일어날까?

정교수   우리는 앞에서 전류가 자기장을 만들어 내는 현상을 배웠어. 이제 자기장의 변화가 전류를 만들어 낸다는 사실을 처음 알아낸 패러데이에 대한 이야기를 하려고 하네.

패러데이(Michael Faraday, 1791~1867)

패러데이는 런던 근교 뉴잉턴 지방에서 대장장이의 아들로 태어났다. 그는 가난 때문에 겨우 읽기와 쓰기, 간단한 셈하기 정도만 배우고 학교를 그만두어야 했다. 13살이 되었을 때 패러데이는 가족들을 떠나 제본소의 견습공으로 들어가 책 만드는 일을 배웠다. 처음에는 이 일이 정말 즐거워서 1년 만에 견습공에서 벗어날 만큼 책을 잘 만들게 되었다.

그는 하루 일이 끝나면 저녁에는 늘 책을 읽었다. 제본소의 주인인 리보 아저씨는 마음씨가 착한 분이라서 손님들이 맡긴 책을 패러데이가 읽는 것을 허락해 주었다. 학교 교육을 제대로 받지 못한 패러데이는 그 덕분에 재미있고 신기한 책의 세계에 푹 빠졌다. 그러던 중 우연히 전기에 내해 쓴 책을 읽게 되었고 전기라는 게 신기한 현상이라 여기게 되었다. 그 후 패러데이는 여러 과학책을 읽었고 과학을 공부하기로 결심했다. 그때부터 그는 값싼 실험 기구들을 사서 혼자 간단한 실험을 해 보기도 하고 실험한 내용을 공책에 적어 놓았다.

어느 날, 제본소에 들른 어떤 손님이 왕립 과학 연구소에서 열리는 공개 강연을 들을 수 있는 수강증을 패러데이에게 주었다. 패러데이가 과학 실험한 것을 필기한 공책을 본 리보 아저씨가 그것을 손님에게 보여주었고 그 손님은 매우 감동을 받아 수강증을 준 것이었다. 공개 강연에는 부자들만이 갈 수 있었기에 패러데이에게는 매우 큰 행운이었다.

강연을 하는 사람은 세계적인 과학자 험프리 데이비였고 훗날 그의 스승이 되었다. 패러데이는 데이비의 강연 내용을 하나도 빠짐없이 공책에 적어 왔고 집에 돌아와서 그것으로 열심히 공부했다. 그런데 공부를 하면 할수록 패러데이는 제본 일이 싫어졌다. 그래서 그는 왕립 과학 연구소에서 일하고 싶다고 편지를 보냈지만 답장조차 오지 않았다. 아마 왕립 과학 연구소는 학교도 제대로 나오지 않은 그가 어떻게 과학자가 되겠냐며 무시했을 것이다. 거기다 리보 아저씨의 제본소와의 계약이 끝나 다른 제본소로 가게 되었는데, 그 제본소의 사장은 마음씨가 고약한 사람이어서 그가 책을 읽거나 공부하는 것을 싫어했다.

패러데이는 제본소에서 나오기로 결심했다. 그리고 데이비의 공개 강연에서 받아 적은 제일 아끼던 공책을 깔끔하게 정리하여 다시 쓰고 예쁘게 책으로 엮어서 데이비에게 보냈다. 그러자 놀라운 기적이 일어났다! 데이비로부터 자신의 실험 조수로 일해 주었으면 좋겠다고 답장이 온 것이었다. 그래서 패러데이는 왕립 과학 연구소에서 데이비의 실험 조수로서의 일을 시작하게 되었다.

실험 조수로 일하는 동안 패러데이의 과학 지식은 엄청나게 성장했다. 그러던 중 왕립 연구소의 교수직을 그만둔 데이비는 자신의 아내와 유럽 여행을 계획하였다. 그 당시 영국과 프랑스의 전쟁으로 유럽 여행을 가는 것은 매우 위험한 일이었는데도 말이다. 다행히 데이비는 세계적인 과학자라서 프랑스의 나폴레옹 황제는 프랑스에 와도 좋다고 허락해 주었다. 패러데이는 데이비의 조수로 여행에 동행하게 되었지만 데이비 부부의 시종 노릇까지 하게 되었다. 특히 데이비의 아내인 제인 데이비는 패러데이를 아주 못살게 굴었다. 그가 가난

한 대장장이의 아들이라는 이유에서였다. 하지만 유럽 여행은 패러데이에게 많은 새로운 것을 경험하게 해주었다. 여러 자연현상과 실험을 볼 수 있었고 세계적으로 유명한 유럽 과학자들을 만날 수 있었으니까 말이다.

물리군 패러데이의 견문이 넓어진 시기군요!

정교수 그렇네. 패러데이는 실험실 장비와 광물학 소장품의 관리자 겸 조수로 왕립 연구소에서 다시 일하게 되었지. 그 덕에 그는 연구소 도서관에서 많은 책을 읽을 수 있었고 다른 훌륭한 과학자들의 강의를 들을 수 있었어. 또 그가 하고 싶었던 실험을 마음껏 할 수 있었다네.

데이비는 비록 명예 교수였지만 여전히 패러데이에게 올바른 방향과 실험 기술을 가르쳐 주었다. 그러던 중 패러데이는 탄광 노동자용 안전등 연구에서 데이비를 돕는 과제를 받게 되었다. 그 당시 광부들은 탄광에 들어가는 동안 앞을 보기 위해 주로 양초를 사용했는데 탄광에는 불이 잘 붙는 가스가 많았기 때문에 폭발 사고가 잦았다. 그래서 패러데이는 연구 끝에 탄광 안에서도 안전하게 밝힐 수 있는 안전등을 발명하게 되었다.

그 후 패러데이는 데이비의 자리를 이어 화학 교수가 된 윌리엄 브랜드와 함께 연구를 계속하였다. 브랜드는 화학을 주로 다루는 잡지를 썼는데 패러데이는 편집을 도우면서 전 세계 화학자들의 많은 논문을 읽을 수 있어 연구에 큰 도움을 받았다. 왕립 연구소의 조수 일은 패러데이가 훌륭한 과학자가 되기 위한 좋은 밑바탕이 되었다.

물리군 전자기 유도 법칙은 언제 발견했나요?

정교수 패러데이는 외르스테드의 실험을 해 본 뒤 전기가 흐르는 주변에는 자석을 움직이는 신비한 힘이 있을 거라고 믿게 되었어. 반대로 자석 주변에는 전류를 발생시키는 신비한 힘이 있을 거라고 추측했다네. 이제 그의 실험에 대해 살펴보기로 하지.

패러데이는 다음 그림과 같이 도선의 일부분을 고리 모양으로 만든 후 자석과 고리 사이의 관계를 실험해 보았다. 그는 실험을 통해 다음과 같은 사실을 알아냈다.

(1) 고리 앞의 자석이 멈춰 있으면 자기장이 변하지 않으므로 도선에 전류가 흐르지 않는다.

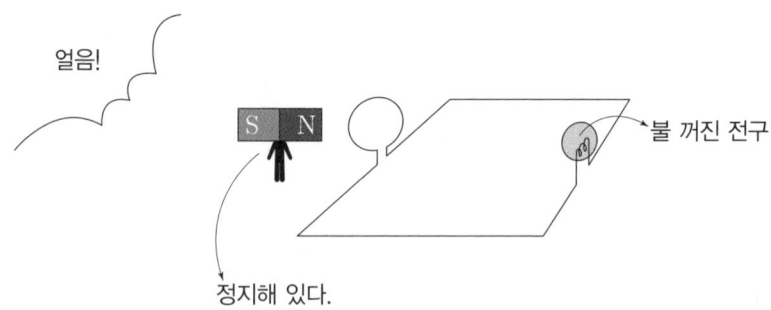

(2) 고리 쪽으로 자석이 움직이면 자기장이 커진다(자기장이 변한다). 이때 도선에 전류가 흐른다.

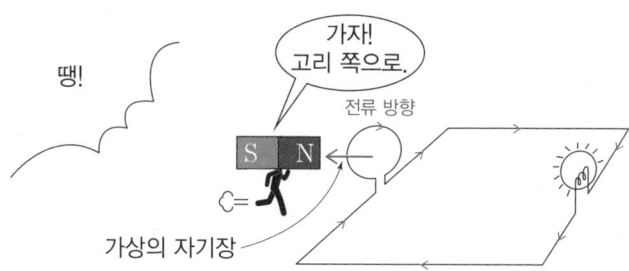

이때 흐르는 전류의 방향은 증가한 자기장을 없애려는 방향으로 가상의 자기장을 향하게 할 때 고리에 생긴 전류의 방향이다. 이 경우 자기장이 증가했으므로 반대 방향인 왼쪽으로 오른손 엄지손가락을 향했을 때 나머지 네 손가락이 돌아가는 방향으로 전류가 흐른다.

(3) 고리 반대쪽으로 자석이 움직이면 자기장이 작아진다(자기장이 변한다). 이때 도선에 전류가 흐른다.

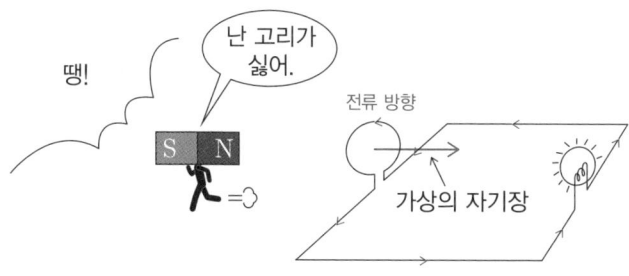

이때 흐르는 전류의 방향은 감소한 자기장을 보충하려는 방향으로 가상의 자기장을 향하게 할 때 고리에 생긴 전류의 방향이다. 이 경우 오른쪽 방향으로 향하는 자기장이 감소했으므로 오른쪽으로 오른손 엄지손가락을 향했을 때 나머지 네 손가락이 돌아가는 방향으로 전류가 흐른다.

이렇게 자기장이 변하면 전류가 흐르는 현상을 전자기 유도 법칙이라고 부른다.

물리군 자기장의 변화가 건전지 역할을 하는 건가요?

정교수 그렇지. 패러데이는 자기장이 변하지 않아도 자기장이 지나가는 고리의 넓이가 달라지면 역시 고리에 전류가 흐른다는 것을 알아냈네.

물리군 자기장이 지나가는 넓이의 변화 또한 건전지 역할을 하는군요.

정교수 맞아. 그래서 패러데이는 자기장과 자기장이 통과하는 수직 단면적의 곱을 자속 Φ라고 정의했어.

물리군 수직 단면적은 뭔가요?

정교수 자기장이 지나가는 단면의 넓이 요소를 da라고 해 보게. 이 넓이 요소를 판자에 비유하도록 하지.

이 넓이 요소에 대한 자속을 $d\Phi$라고 하자. 단면적이 da인 판자가 자기장과 수직이면

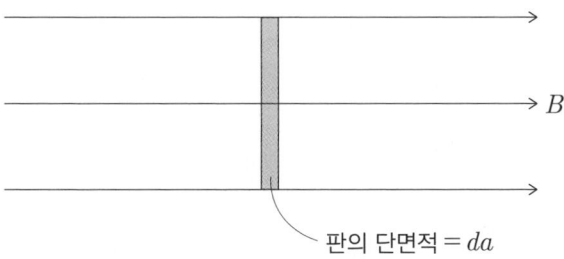

판의 단면적 $= da$

$$d\Phi = Bda$$

가 된다. 하지만 판이 그림과 같이 자기장과 수직이 아닌 경우를 보자.

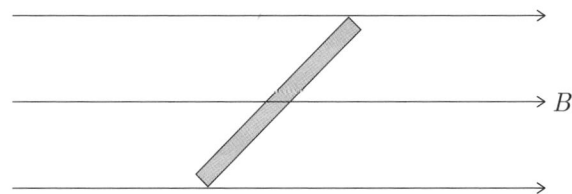

여기서 수직 단면적은 파란색 판의 넓이가 된다.

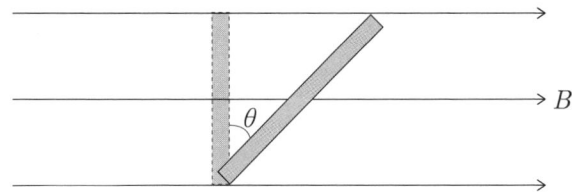

이때

(수직 단면적) $= da \cos \theta$

가 된다. 그러므로 이 부분을 지나는 자속을 $d\Phi$라고 하면

$$dΦ = da\cos θ × B$$

이다. 이제 다음 그림과 같이 판에 수직이면서 크기가 1인 벡터를 $\hat{n}$ 이라고 하면 $\vec{B}$와 $\hat{n}$이 이루는 각은 $θ$가 된다.

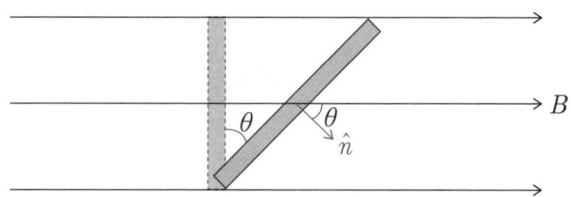

그러므로

$$\vec{B} \cdot \hat{n} = B\cos θ$$

가 되어

$$dΦ = \vec{B} \cdot \hat{n} da$$

가 된다. da에 대한 자속을 모두 더하면 단면적 전체에 대한 자속이 나온다. 그러므로 단면적 전체에 대한 자속은

$$Φ = \iint \vec{B} \cdot \hat{n} da$$

가 된다. 패러데이는 실험을 통해 자속의 변화가 건전지의 전압 역할을 한다는 것을 알아냈다. 이것을 식으로 쓰면 다음과 같다.

$$ΔV = -\frac{1}{c}\frac{dΦ}{dt}$$

여기서 ΔV는 건전지의 전압처럼 생각하면 된다. 패러데이는 이것을 기전력이라고 불렀다.

물리군　음의 부호는 왜 붙인 건가요?

정교수　자속이 증가하면 자속이 감소하는 방향으로 엄지손가락을 자기장의 방향으로 택할 때 나머지 네 손가락이 돌아가는 방향에 따라 유도된 전류의 방향이 결정되기 때문에 음의 부호를 붙인 거라네.

물리군　그렇군요.

정교수　이제 유도된 전압(전위차)을 들여다보세. 유도된 전압은

$$\Delta V = \int_{회로} \vec{E} \cdot \vec{dl} \tag{5-4-1}$$

이 되네.

물리군　처음 보는 식이에요.

정교수　어떻게 나온 식인지 설명하겠네. 다음 그림을 보게.

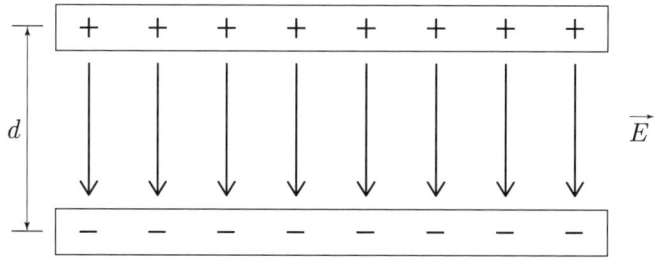

위 그림에서 두 판 사이의 간격은 d이다. 양전하를 띤 판이 전위가 높고 음전하를 띤 판이 전위가 낮으므로 전위차는

$$\Delta V = Ed$$

가 된다. 이번에는 다음 그림을 보자.

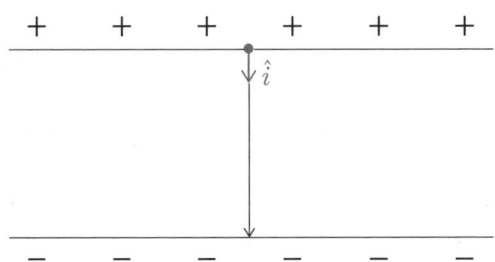

전기장의 방향으로 크기가 1인 벡터를 $\hat{i}$라고 두자. 그러면 길이 요소 벡터 $\vec{dl}$의 방향도 $\hat{i}$방향이 된다. 그러므로

$$\vec{E} \cdot \vec{dl} = (E\hat{i}) \cdot (dx\hat{i}) = Edx$$

가 된다. 여기서 dx는 길이 요소 벡터 $\vec{dl}$의 크기이다. x가 0부터 d까지 변하므로

$$\Delta V = \int_0^d \vec{E} \cdot \vec{dl} = \int_0^d Edx = Ed$$

가 되어 식 (5-4-1)이 성립한다는 것을 알 수 있다.

물리군 그렇다면 패러데이 법칙은

$$\int_{한 바퀴} \vec{E} \cdot \vec{dl} = -\frac{1}{c}\frac{d\Phi}{dt} \tag{5-4-2}$$

가 되는군요.

정교수 그렇네. 이제 스토크스 정리를 적용하면

$$\int_{한 바퀴} \vec{E} \cdot \vec{dl} = \iint \vec{\nabla} \times \vec{E} \cdot \hat{n} da \qquad (5\text{-}4\text{-}3)$$

가 되고,

$$\frac{d\Phi}{dt} = \frac{d}{dt} \iint \vec{B} \cdot \hat{n} da = \iint \frac{\partial \vec{B}}{\partial t} \cdot \hat{n} da$$

이므로 패러데이 법칙은

$$\iint \vec{\nabla} \times \vec{E} \cdot \hat{n} da = -\frac{1}{c} \iint \frac{\partial \vec{B}}{\partial t} \cdot \hat{n} da \qquad (5\text{-}4\text{-}4)$$

라고 쓸 수 있네. 그러므로

$$\vec{\nabla} \times \vec{E} = -\frac{1}{c} \frac{\partial \vec{B}}{\partial t}$$

라는 식을 얻게 되지.

맥스웰 방정식[10] _ 전자기에 대한 완벽한 방정식

정교수   앙페르의 법칙에 뭔가 부족함이 있다는 것을 알아낸 사람은 바로 전기와 자기에 대한 완벽한 방정식을 만든 영국의 물리학자 맥스웰이야. 이제 그의 이야기를 해야겠네.

맥스웰은 영국 스코틀랜드 에든버러에서 태어났다. 맥스웰의 어머니는 그가 8살 때 암으로 돌아가셨다. 맥스웰은 독실한 기독교 신자였다. 또한 그는 학창 시절 친절하고 쾌활한 학생이었다. 그는 1847년 16살에 에든버러 대학교에 입학하여 철학을 공부했다. 1850년에는 케임브리지 대학교로 옮겨 1854년에 트리니티칼리지 수학과를 졸업했다. 맥스웰은 교육 봉사도 즐겨 했다. 그는 교육받지 못한 노동자들을 위해 야간학교 강사를 무보수로 꾸준히 해 주었다.

맥스웰(James Clerk Maxwell, 1831~1879)

---

10) 아인슈타인은 맥스웰헤르츠 방정식이라고 썼지만 지금은 맥스웰 방정식으로 쓴다.

맥스웰은 학위를 마치던 1854년경 패러데이의 전자기 연구에 본격적인 관심을 갖기 시작했다. 그는 패러데이의 실험적 발견들을 수학으로 나타내는 과정을 연구했다. 그리고 1856년 〈패러데이의 역선에 관하여〉라는 논문에서 패러데이의 전기장과 자기장의 개념을 수학적으로 묘사했다. 맥스웰은 패러데이와 앙페르의 연구를 검토하는 과정에서 앙페르의 법칙에 문제점이 있음을 발견하고 이를 바로잡아 《전자기학》이라는 책에 이 내용을 기술했다.

물리군 앙페르의 법칙에 어떤 문제점이 있는 건가요?

정교수 맥스웰은 다음과 같은 회로를 생각했네.

축전기

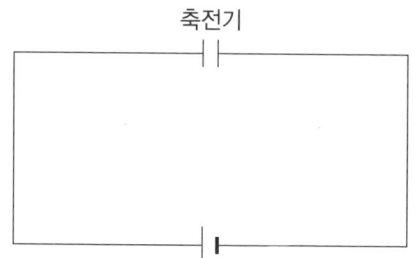

물리군 축전기와 전지만 있군요.

정교수 그래. 전지가 있으니까 도선에 전류가 흐르네. 그러므로 흐르는 전류 주위에 원형 자기장이 생기지.

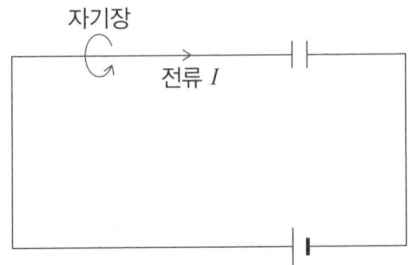

물리군 축전기는 두 판이 떨어져 있으니까 전류가 흐를 수 없지 않나요?

정교수 그래야겠지. 그런데 축전기 속에서 자기장이 발생했네.

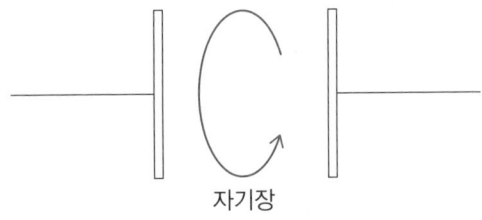

물리군 전류가 없는데 어떻게 자기장이 생기죠?

정교수 앙페르의 법칙에 빠진 부분이 있다는 것을 의미하지. 맥스웰은 축전기 안에서 전하가 점점 쌓여가면서 전하량이 변한다는 사실에 주목했어. 식을 가지고 설명하겠네.

축전기 안에 전하가 Q일 때 축전기 속의 전기장은

$$E = \frac{Q}{Cd}$$

인데, 전하량이 변하니까 전기장도 변하게 된다. 축전기 안에서 자기장이 생기므로 그에 대응되는 전류가 있어야 한다. 그것을 맥스웰 전류라 하고 I_M이라고 나타내겠다. 또한 기존의 도선에 흐르는 전류는 앙페르 전류라 하고 I_A라고 쓰겠다. 그러니까 앙페르의 법칙은 다음과 같이 수정되어야 한다.

$$\int_{\text{한 바퀴}} \vec{B} \cdot \vec{dl} = \frac{4\pi}{c}(I_A + I_M)$$

이제 축전기 밖에서 전류 I를 아주 짧은 시간 Δt 동안 축전기 안으로 흘려보냈을 때 축전기의 전하량이 ΔQ만큼 변했다고 해 보자. 전류의 정의로부터

$$I = \frac{\Delta Q}{\Delta t}$$

가 되고, 이때 전기장의 변화량은

$$\Delta E = \frac{\Delta Q}{Cd}$$

가 되어,

$$I_M = Cd\,\frac{\Delta E}{\Delta t}$$

가 된다. 우리는 네 번째 만남에서 축전기의 전기용량이

$$C = \left(\frac{1}{4\pi}\right)\left(\frac{A}{d}\right)$$

라는 것을 배웠다. 여기서 A는 축전기 판의 넓이이다. 그러므로

$$I_M = \frac{1}{4\pi} A \frac{\varDelta E}{\varDelta t}$$

가 된다. 이때 $\varDelta t$가 0으로 가는 극한을 취하면 $\frac{\varDelta E}{\varDelta t}$ 는 $\frac{\partial E}{\partial t}$가 되므로 맥스웰의 전류는

$$I_M = \frac{1}{4\pi} A \frac{\partial E}{\partial t}$$

가 된다. 위 식은 일반적으로

$$I_M = \frac{1}{4\pi} \iint \frac{\partial \vec{E}}{\partial t} \cdot \hat{n} da$$

라고 나타낼 수 있다. 그러므로 앙페르의 법칙은 다음과 같이 수정된다.

$$\int_{\text{한 바퀴}} \vec{B} \cdot \vec{dl} = \frac{4\pi}{c} \left(I_A + \frac{1}{4\pi} \iint \frac{\partial \vec{E}}{\partial t} \cdot \hat{n} da \right)$$

또는

$$\int_{\text{한 바퀴}} \vec{B} \cdot \vec{dl} = \frac{4\pi}{c} I_A + \frac{1}{c} \iint \frac{\partial \vec{E}}{\partial t} \cdot \hat{n} da$$

이제 스토크스 정리를 쓰면

$$\iint \vec{\nabla} \times \vec{B} \cdot \hat{n} da = \frac{4\pi}{c} \iint \vec{J} \cdot \hat{n} da + \frac{1}{c} \iint \frac{\partial \vec{E}}{\partial t} \cdot \hat{n} da$$

가 되므로 우리는 다음과 같이 수정된 앙페르의 법칙을 얻게 된다.

$$\vec{\nabla} \times \vec{B} = \frac{4\pi}{c}\vec{J} + \frac{1}{c}\frac{\partial \vec{E}}{\partial t}$$

물리군 휴! 이제 전기와 자기의 방정식은 모두 나온 건가요?

정교수 마지막으로 하나가 남았어.

물리군 그건 뭔가요?

정교수 자석은 전기와 달리 N극과 S극이 쌍으로 존재하네.

물리군 N극만 가진 물체나 S극만 가진 물체가 없다는 뜻인가요?

정교수 맞아. 전하는 양전하와 음전하를 가질 수 있지만 자석에서는 이러한 전하에 대응되는 양이 없다는 뜻이야.

물리군 자석과 관련되니까 자하가 되겠군요.

정교수 그렇네. 사하가 항상 0이니까 자하 밀도는 0이 되지. 그러므로 자기장에 대한 가우스 법칙은

$$\vec{\nabla} \cdot \vec{B} = 0$$

이 되네. 이것이 마지막일세. 정리하면 전기와 자기에 관한 법칙은 다음 네 개의 방정식으로 묘사되는데 이것을 맥스웰 방정식이라고 하네.

$$\vec{\nabla} \cdot \vec{E} = 4\pi\rho$$

$$\vec{\nabla} \times \vec{E} = -\frac{1}{c}\frac{\partial \vec{B}}{\partial t}$$

$$\vec{\nabla} \cdot \vec{B} = 0$$

$$\vec{\nabla} \times \vec{B} = \frac{4\pi}{c}\vec{J} + \frac{1}{c}\frac{\partial \vec{E}}{\partial t}$$

물리군   다시 여러 번 읽어 봐야겠어요. 상당히 어렵네요.

정교수   수식 때문이겠지. 이제 빈 공간(전하도 없고 전류도 없는 공간)을 생각해 보겠네. 이때 $\rho = 0$, $\vec{J} = 0$이 되니까 맥스웰 방정식은 다음과 같지.

$$\vec{\nabla} \cdot \vec{E} = 0 \tag{5-5-1}$$

$$\vec{\nabla} \times \vec{E} = -\frac{1}{c}\frac{\partial \vec{B}}{\partial t} \tag{5-5-2}$$

$$\vec{\nabla} \cdot \vec{B} = 0 \tag{5-5-3}$$

$$\vec{\nabla} \times \vec{B} = \frac{1}{c}\frac{\partial \vec{E}}{\partial t} \tag{5-5-4}$$

빛은 전자기 파동_광속으로 움직이는 파동에 대하여

정교수   이제 전기장과 자기장이 빛이라는 파동임을 보이겠네.

물리군   새로운 수식이 또 나오나요?

정교수   새로운 수식보다는 성실한 계산이 필요하지.

다음과 같이 $\vec{\nabla} \times \vec{E} = -\frac{1}{c}\frac{\partial \vec{B}}{\partial t}$의 양변에 $\vec{\nabla} \times$를 작용시켜 보자.

$$\vec{\nabla} \times (\vec{\nabla} \times \vec{E}) = -\frac{1}{c}\frac{\partial \vec{\nabla} \times \vec{B}}{\partial t}$$

$$= -\frac{1}{c^2}\frac{\partial^2 \vec{E}}{\partial t^2}$$

여기서 우리는

$$\vec{\nabla} \times \vec{B} = \frac{1}{c}\frac{\partial \vec{E}}{\partial t}$$

를 사용했다. 이제 $\vec{\nabla} \times (\vec{\nabla} \times \vec{E})$의 x성분을 구해 보자.

$$[\vec{\nabla} \times (\vec{\nabla} \times \vec{E})]_x$$

$$= \frac{\partial (\vec{\nabla} \times \vec{E})_z}{\partial y} - \frac{\partial (\vec{\nabla} \times \vec{E})_y}{\partial z}$$

$$= \frac{\partial}{\partial y}\left(\frac{\partial E_y}{\partial x} - \frac{\partial E_x}{\partial y}\right) - \frac{\partial}{\partial z}\left(\frac{\partial E_x}{\partial z} - \frac{\partial E_z}{\partial x}\right)$$

$$= \frac{\partial}{\partial x}\left(\frac{\partial E_y}{\partial y} + \frac{\partial E_z}{\partial z}\right) - \frac{\partial^2 E_x}{\partial y^2} - \frac{\partial^2 E_x}{\partial z^2}$$

$$= \frac{\partial}{\partial x}\left(-\frac{\partial E_x}{\partial x}\right) - \frac{\partial^2 E_x}{\partial y^2} - \frac{\partial^2 E_x}{\partial z^2}$$

$$= -\frac{\partial^2 E_x}{\partial x^2} - \frac{\partial^2 E_x}{\partial y^2} - \frac{\partial^2 E_x}{\partial z^2}$$

따라서 우리는 다음과 같은 방정식을 얻게 된다.

$$\frac{\partial^2 E_x}{\partial x^2} + \frac{\partial^2 E_x}{\partial y^2} + \frac{\partial^2 E_x}{\partial z^2} - \frac{1}{c^2}\frac{\partial^2 E_x}{\partial t^2} = 0$$

$$\frac{\partial^2 E_y}{\partial x^2} + \frac{\partial^2 E_y}{\partial y^2} + \frac{\partial^2 E_y}{\partial z^2} - \frac{1}{c^2}\frac{\partial^2 E_y}{\partial t^2} = 0$$

$$\frac{\partial^2 E_z}{\partial x^2} + \frac{\partial^2 E_z}{\partial y^2} + \frac{\partial^2 E_z}{\partial z^2} - \frac{1}{c^2}\frac{\partial^2 E_z}{\partial t^2} = 0 \qquad (5\text{--}6\text{--}1)$$

마찬가지로 자기장에 대해서도 다음과 같은 방정식을 얻게 된다.

$$\frac{\partial^2 B_x}{\partial x^2} + \frac{\partial^2 B_x}{\partial y^2} + \frac{\partial^2 B_x}{\partial z^2} - \frac{1}{c^2}\frac{\partial^2 B_x}{\partial t^2} = 0$$

$$\frac{\partial^2 B_y}{\partial x^2} + \frac{\partial^2 B_y}{\partial y^2} + \frac{\partial^2 B_y}{\partial z^2} - \frac{1}{c^2}\frac{\partial^2 B_y}{\partial t^2} = 0$$

$$\frac{\partial^2 B_z}{\partial x^2} + \frac{\partial^2 B_z}{\partial y^2} + \frac{\partial^2 B_z}{\partial z^2} - \frac{1}{c^2}\frac{\partial^2 B_z}{\partial t^2} = 0 \qquad (5\text{-}6\text{-}2)$$

물리군 굉장히 복잡한 방정식이군요.

정교수 이것이 바로 파동방정식이야. 우선 파동에 대해 조금 알아야 해. 간단하게 일차원 파동에 대해서 생각해 보겠네. 어느 한 곳에서 생긴 흔들림(진동)이 규칙적으로 옆으로 퍼져 나가는 현상을 파동이라고 하지. 벽에 줄을 매달고 흔들어 보면 다음과 같은 파동이 나타나네.

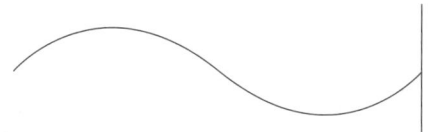

물리군 파동의 모양은 사인함수 모양이네요.

정교수 그렇지. 파동에는 산꼭대기 같은 곳도 있고 산골짜기 같은 곳도 있어. 산꼭대기처럼 제일 높이 올라간 부분을 마루라 하고 골짜기처럼 쑥 들어간 곳을 골이라고 하네. 그림으로 살펴볼까?

줄을 계속 흔들면 마루가 여러 개 만들어지는데 같은 모양이 반복

된다.

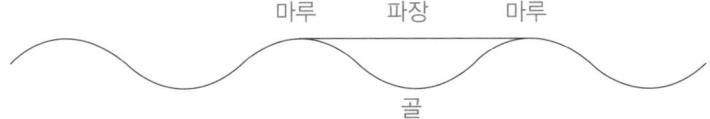

이때 반복되는 무늬의 길이를 파장이라 하고 λ라고 나타낸다. 이러한 파동은 시간에 따라서 모양이 계속 달라진다. 시각이 $t=0$일 때 파동의 모습이

$$f(0, x) = f_0 \sin(kx + \varphi)$$

라고 하자. 여기서 $f(0, x)$는 시각 $t = 0$일 때 각각의 위지 x에서의 평형위치로부터의 변위를 나타낸다. 파동을 이루는 점이 평형위치보다 위에 있으면 $f(0, x)$는 양수이고 평형위치보다 아래에 있으면 $f(0, x)$는 음수가 된다. 그리고 f_0은 파동의 진폭이고 φ는 위상상수이다. 위상상수는 처음 조건에 의해 결정되는데 적당히 선택하면 된다. 아인슈타인이 선택한 위상상수의 값은 π이다.

이제 파장을 구해 보자. 마루에서 파장만큼 진행하면 다시 마루가 나타나므로

$$f(0, x + \lambda) = f(0, x)$$

또는

$$f_0 \sin(k(x + \lambda) + \varphi) = f_0 \sin(kx + \varphi)$$

가 되므로 삼각함수의 성질에 의해

$$k\lambda = 2\pi$$

가 된다. 즉,

$$k = \frac{2\pi}{\lambda}$$

이다.

물리군 시간에 따라 변하는 파동의 모습은 어떻게 나타내나요?

정교수 파동은 시간 t 동안 v의 속도로 움직여도 모습이 달라지지 않네. 여기서 v는 파동의 속도이지. 시간 t 동안 움직인 거리는 vt이므로 이만큼 평행이동해도 파동의 모양이 달라지지 않는다는 것을 의미하네. 그러므로 x를 $x-vt$로 바꾸어도 파동의 모습이 달라지지 않는다는 사실로부터, 임의의 시각에서의 파동함수는

$$f(t, x) = f_0 \sin(k(x - vt) + \pi)$$

라고 쓸 수 있어. 이제 여기서 한 걸음 더 나아가 보세.

파동의 가장 큰 특징은 주기적이라는 점이다. 일정 주기가 지나면 같은 모습이 된다는 뜻이다. 이런 주기적인 성질은 시간 t에 대해서도, 공간을 나타내는 위치 좌표 x에 대해서도 만족하여야 한다. 시간에 대한 주기를 그냥 '주기'라 하고 T라고 쓰고, 공간에 대한 주기를

'파장'이라 하고 λ라고 쓴다. 공간에 대한 주기인 파장에 대해서는 앞에서 구했으니까, 시간에 대한 주기를 구해 보겠다.

마루가 나타나고 T시간이 흐르면 다시 마루가 나타나야 하므로

$$f(t + T, x) = f(t, x)$$

가 되어야 한다. 즉,

$$\sin(k(x - v(t + T)) + \pi) = \sin(k(x - vt) + \pi)$$

가 된다. 이것은

$$kvT = 2\pi$$

를 의미하는데

$$kv = \frac{2\pi}{\lambda} \times v$$

이고 $\lambda = vT$ 이므로

$$kv = \frac{2\pi}{\lambda} v = \frac{2\pi}{T}$$

가 된다. 물리학자들은 주기의 역수를 진동수라 하고 ν라고 나타낸다.

$$\nu = \frac{1}{T}$$

또한

$$w = \frac{2\pi}{T} = 2\pi\nu$$

를 각진동수라고 부른다. 이제 파동함수는

$$f(t, x) = f_0 \sin(kx - wt + \pi)$$

또는

$$f(t, x) = f_0 \sin(wt - kx) \qquad\qquad (5\text{-}6\text{-}3)$$

가 된다. 이 파동함수에 대해

$$\frac{\partial^2 f}{\partial x^2} = -k^2 f$$

이고

$$\frac{\partial^2 f}{\partial t^2} = -w^2 f$$

가 된다. 그러므로

$$\frac{\partial^2 f}{\partial x^2} = \left(\frac{k}{w}\right)^2 \frac{\partial^2 f}{\partial t^2}$$

이 된다. 여기서

$$\frac{k}{w} = \frac{2\pi}{\lambda} \times \frac{T}{2\pi} = \frac{T}{\lambda}$$

가 된다. 파장은 파동이 속도 v로 한 주기 T 동안 간 거리이므로

$$\lambda = vT$$

가 된다. 그러므로

$$\frac{k}{w} = \frac{1}{v}$$

이 되어, 파동은

$$\frac{\partial^2 f}{\partial x^2} - \frac{1}{v^2}\frac{\partial^2 f}{\partial t^2} = 0 \tag{5-6-4}$$

을 만족한다는 것을 알 수 있다.

물리군   3차원공간에서는 파동의 모습이 어떻게 되나요?

정교수   그때는 $f(t, x)$가 $f(t, x, y, z)$로 바뀌고 파동의 모습은

$$f = f_0 \sin(wt - \vec{k} \cdot \vec{r})$$

또는

$$f = f_0 \sin(wt - k_x x - k_y y - k_z z) \tag{5-6-5}$$

가 되지. 그리고 파동방정식은

$$\frac{\partial^2 f}{\partial x^2} + \frac{\partial^2 f}{\partial y^2} + \frac{\partial^2 f}{\partial z^2} - \frac{1}{v^2}\frac{\partial^2 f}{\partial t^2} = 0 \tag{5-6-6}$$

이 되네. 여기서 $\vec{k}$의 방향은 파동의 진행 방향을 나타내고, 크기는 다음과 같이 주어지지.

$$|\vec{k}| = \frac{2\pi}{\lambda} = \frac{w}{v}$$

이때 파장과 주기의 관계

$$\lambda = vT$$

로부터

$$w = |\vec{k}|v$$

의 관계식을 얻을 수 있어. 앞으로 우리는 파동의 위상을

$$\Phi = wt - k_x x - k_y y - k_z z$$

라고 쓰겠네. 그러므로 파동의 모습은

$$f = f_0 \sin \Phi$$

가 되지. 이제 다시 전기장이 만족하는 방정식 (5-6-1)과 자기장이 만족하는 방정식 (5-6-2)를 보게. 이 두 식과 식 (5-6-6)을 비교하면, 전기장과 자기장은 광속으로 움직이는 파동이라는 것을 알 수 있어. 이 파동을 전자기파라고 부르네. 광속으로 움직이는 것은 빛이므로 빛은 전자기파라는 파동임을 알 수 있지.

도플러 효과_파동의 진동수를 다르게 느끼다

정교수 이제 도플러 효과에 대해 알아볼까? 도플러 효과는 전자기파(빛)를 방출하는 물체의 진동수를 정지한 관찰자와 움직이는 관찰자가 다르게 측정하게 된다는 것을 말하지. 1842년 오스트리아 물리학자 도플러(Christian Doppler)가 처음 발견했다네.

물리군 구체적으로 어떻게 달라지나요?

정교수 파원에서 만들어진 파동의 진동수를 정지한 관찰자가 측정한 것을 ν라고 하겠네. 파동의 속도는 c이고 파장은 λ라고 하게. 그러면

$$\nu = \frac{c}{\lambda}$$

가 되네. 이번에는 속도 v로 파원에서 멀어지는 움직이는 관찰자를 생각하게. 이때 움직이는 관찰자는 파동의 상대속도를 느끼게 되지.

$$(\text{파동의 상대속도}) = c - v$$

따라서 움직이는 관찰자가 측정하는 파동의 진동수를 ν'이라고 하면

$$\nu' = \frac{c - v}{\lambda}$$
$$= \frac{c}{\lambda}\left(1 - \frac{v}{c}\right)$$
$$= \nu\left(1 - \frac{v}{c}\right)$$

가 되네. 즉, 파원에서 멀어지는 방향으로 움직이는 관찰자에게 파동의 진동수는 작아지게 되지. 이것이 바로 도플러 효과라네.

물리군 관찰자가 속도 v로 파원 쪽으로 가면 어떻게 되나요?

정교수 이때 움직이는 관찰자의 진동수 ν'은

$$\nu' = \nu\left(1 + \frac{v}{c}\right)$$

가 되어, 파원 쪽으로 움직이는 관찰자에게 파동의 진동수는 커지게 된다네.

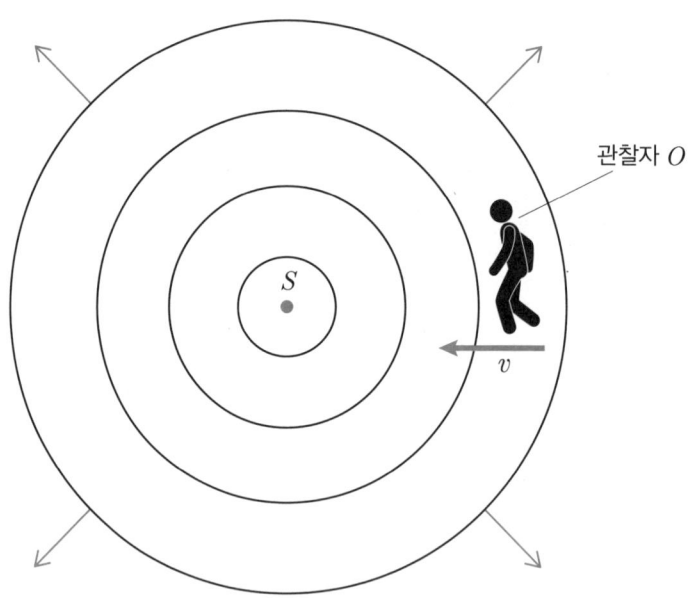

여섯 번째 만남

·

논문 속으로
2부

빈 공간에서 맥스웰 방정식의 상대성이론 _ 두 관찰자는 맥스웰 방정식을 어떻게 묘사할까?

정교수   아인슈타인의 논문 2부는 전자기학 파트(Electrodynamical part)를 다루고 있네. 먼저 빈 공간에서 맥스웰 방정식의 변환에 대해 토론해 볼까?

우리는 빈 공간에서의 맥스웰 방정식을 알고 있다. 우리가 얘기한 방정식의 표현과 아인슈타인의 논문의 표현이 다르니까 그 점부터 짚고 넘어가자. 아인슈타인은 전기장 벡터를

$$\vec{E} = X\hat{i} + Y\hat{j} + Z\hat{k}$$

로 쓰고, 자기장 벡터를

$$\vec{B} = L\hat{i} + M\hat{j} + N\hat{k}$$

라고 썼다.

물리군 $E_x = X$, $E_y = Y$, $E_z = Z$, $B_x = L$, $B_y = M$, $B_z = N$이라고 생각하면 되는 거죠?

정교수   그렇네. 아인슈타인은 빈 공간에서 맥스웰 방정식 두 개를 논문에 썼어. 아인슈타인의 논문에는 식의 번호가 매겨져 있지 않지만 우리는 식의 번호를 매기도록 하지.

식 (5–5–4)는 다음과 같이 쓸 수 있다.

$$\frac{1}{c}\frac{\partial X}{\partial t} = \frac{\partial N}{\partial y} - \frac{\partial M}{\partial z} \qquad (6\text{–}1\text{–}1)$$

$$\frac{1}{c}\frac{\partial Y}{\partial t} = \frac{\partial L}{\partial z} - \frac{\partial N}{\partial x} \qquad (6\text{–}1\text{–}2)$$

$$\frac{1}{c}\frac{\partial Z}{\partial t} = \frac{\partial M}{\partial x} - \frac{\partial L}{\partial y} \qquad (6\text{–}1\text{–}3)$$

식 (5–5–2)는 다음과 같이 쓸 수 있다.

$$\frac{1}{c}\frac{\partial L}{\partial t} = \frac{\partial Y}{\partial z} - \frac{\partial Z}{\partial y} \qquad (6\text{–}1\text{–}4)$$

$$\frac{1}{c}\frac{\partial M}{\partial t} = \frac{\partial Z}{\partial x} - \frac{\partial X}{\partial z} \qquad (6\text{–}1\text{–}5)$$

$$\frac{1}{c}\frac{\partial N}{\partial t} = \frac{\partial X}{\partial y} - \frac{\partial Y}{\partial x} \qquad (6\text{–}1\text{–}6)$$

또한 식 (5–5–1)은 다음과 같이 쓸 수 있다.

$$\frac{\partial X}{\partial x} + \frac{\partial Y}{\partial y} + \frac{\partial Z}{\partial z} = 0 \qquad (6\text{–}1\text{–}7)$$

또한 식 (5–5–3)은 다음과 같이 쓸 수 있다.

$$\frac{\partial L}{\partial x} + \frac{\partial M}{\partial y} + \frac{\partial N}{\partial z} = 0 \qquad (6\text{–}1\text{–}8)$$

이 여덟 개의 식은 빈 공간에서 전기장과 자기장이 만족하는 방정식을 시공간좌표 (x, y, z, t)를 가진 정지한 관찰자가 묘사한 것이다. 아인슈타인은 이 중 여섯 개의 방정식 (6-1-1) ~ (6-1-6)을 x방향으로 등속도 v로 움직이는 관찰자는 어떤 모습으로 보게 될까 생각했다. 움직이는 관찰자는 자신의 좌표 (ξ, η, ζ, τ)를 갖고 이들 사이의 관계는

$$\xi = \beta(x - vt)$$
$$\eta = y$$
$$\zeta = z$$
$$\tau = \beta\left(t - \frac{v}{c^2}x\right) \qquad\qquad (6\text{-}1\text{-}9)$$

이다. 여기서

$$\beta = \frac{1}{\sqrt{1 - \dfrac{v^2}{c^2}}}$$

이다.

정교수   아인슈타인은 좌표 (ξ, η, ζ, τ)를 갖는 움직이는 관찰자가 보게 되는 식 (6-1-1) ~ (6-1-6)을 써 보았네. 아인슈타인의 논문에 약간의 오타가 있으니 내가 쓰는 것으로 고치게.

물리군   천재 아인슈타인의 논문에도 오타가 있나요?

정교수   이론물리학 논문은 수식이 많아서 오타가 자주 생길 수 있지. 중요한 건 오타가 있고 없고가 아니라 논문이 얼마나 창의적인가 아닌가의 문제야.

물리군 그렇군요.

정교수 좌표 (ξ, η, ζ, τ)를 가지는 움직이는 관찰자가 보게 되는 식 (6-1-1)~(6-1-6)은 다음과 같이 변하네.

$$\frac{1}{c}\frac{\partial X}{\partial \tau} = \frac{\partial}{\partial \eta}\left\{\beta\left(N - \frac{v}{c}Y\right)\right\} - \frac{\partial}{\partial \zeta}\left\{\beta\left(M + \frac{v}{c}Z\right)\right\} \qquad (6\text{-}1\text{-}1')$$

$$\frac{1}{c}\frac{\partial}{\partial \tau}\left\{\beta\left(Y - \frac{v}{c}N\right)\right\} = \frac{\partial L}{\partial \zeta} - \frac{\partial}{\partial \xi}\left\{\beta\left(N - \frac{v}{c}Y\right)\right\} \qquad (6\text{-}1\text{-}2')$$

$$\frac{1}{c}\frac{\partial}{\partial \tau}\left\{\beta\left(Z + \frac{v}{c}M\right)\right\} = \frac{\partial}{\partial \xi}\left\{\beta\left(M + \frac{v}{c}Z\right)\right\} - \frac{\partial L}{\partial \eta} \qquad (6\text{-}1\text{-}3')$$

$$\frac{1}{c}\frac{\partial L}{\partial \tau} = \frac{\partial}{\partial \zeta}\left\{\beta\left(Y - \frac{v}{c}N\right)\right\} - \frac{\partial}{\partial \eta}\left\{\beta\left(Z + \frac{v}{c}M\right)\right\} \qquad (6\text{-}1\text{-}4')$$

$$\frac{1}{c}\frac{\partial}{\partial \tau}\left\{\beta\left(M + \frac{v}{c}Z\right)\right\} = \frac{\partial}{\partial \xi}\left\{\beta\left(Z + \frac{v}{c}M\right)\right\} - \frac{\partial X}{\partial \zeta} \qquad (6\text{-}1\text{-}5')$$

$$\frac{1}{c}\frac{\partial}{\partial \tau}\left\{\beta\left(N - \frac{v}{c}Y\right)\right\} = \frac{\partial X}{\partial \eta} - \frac{\partial}{\partial \xi}\left\{\beta\left(Y - \frac{v}{c}N\right)\right\} \qquad (6\text{-}1\text{-}6')$$

이제 식을 자세히 들여다보자. 그리고 다음과 같이 놓아 보자.

$$X' = X$$

$$Y' = \beta\left(Y - \frac{v}{c}N\right)$$

$$Z' = \beta\left(Z + \frac{v}{c}M\right)$$

$$L' = L$$

$$M' = \beta\left(M + \frac{v}{c}Z\right)$$

$$N' = \beta\left(N - \frac{v}{c}Y\right) \qquad\qquad (6\text{-}1\text{-}10)$$

그러면 식 (6-1-1)~(6-1-6)은 다음과 같이 바뀐다.

$$\frac{1}{c}\frac{\partial X'}{\partial \tau} = \frac{\partial N'}{\partial \eta} - \frac{\partial M'}{\partial \zeta} \qquad\qquad (6\text{-}1\text{-}1'')$$

$$\frac{1}{c}\frac{\partial Y'}{\partial \tau} = \frac{\partial L'}{\partial \zeta} - \frac{\partial N'}{\partial \xi} \qquad\qquad (6\text{-}1\text{-}2'')$$

$$\frac{1}{c}\frac{\partial Z'}{\partial \tau} = \frac{\partial M'}{\partial \xi} - \frac{\partial L'}{\partial \eta} \qquad\qquad (6\text{-}1\text{-}3'')$$

$$\frac{1}{c}\frac{\partial L'}{\partial \tau} = \frac{\partial Y'}{\partial \zeta} - \frac{\partial Z'}{\partial \eta} \qquad\qquad (6\text{-}1\text{-}4'')$$

$$\frac{1}{c}\frac{\partial M'}{\partial \tau} = \frac{\partial Z'}{\partial \xi} - \frac{\partial X'}{\partial \zeta} \qquad\qquad (6\text{-}1\text{-}5'')$$

$$\frac{1}{c}\frac{\partial N'}{\partial \tau} = \frac{\partial X'}{\partial \eta} - \frac{\partial Y'}{\partial \xi} \qquad\qquad (6\text{-}1\text{-}6'')$$

그러니까 움직이는 관찰자에게 전기장 벡터는

$$\vec{E'} = X'\hat{i} + Y'\hat{j} + Z'\hat{k}$$

로 표현되고, 자기장 벡터는

$$\vec{B'} = L'\hat{i} + M'\hat{j} + N'\hat{k}$$

로 표현되면서 동일한 맥스웰 방정식을 만족하게 된다. 즉, 특수상대성원리에서 전기와 자기를 묘사하는 맥스웰 방정식은 같은 꼴이 되는 것이다.

물리군   그런데 식 (6-1-1') ~ (6-1-6')은 어떻게 나온 건가요?

정교수   편미분의 연쇄 규칙이라는 공식을 이용해야 해. 한 개만 증명해 보면 나머지는 자네도 할 수 있을 거라 생각하네.

로런츠 변환에서 t는 τ와 ξ의 함수가 되고, 마찬가지로 x도 τ와 ξ의 함수가 된다. 이때 다음과 같은 편미분의 연쇄 규칙이 성립한다.

$$\frac{\partial}{\partial t} = \frac{\partial \tau}{\partial t}\frac{\partial}{\partial \tau} + \frac{\partial \xi}{\partial t}\frac{\partial}{\partial \xi} \qquad\qquad (6\text{-}1\text{-}11)$$

$$\frac{\partial}{\partial x} = \frac{\partial \tau}{\partial x}\frac{\partial}{\partial \tau} + \frac{\partial \xi}{\partial x}\frac{\partial}{\partial \xi} \qquad\qquad (6\text{-}1\text{-}12)$$

식 (6-1-9)로부터

$$\frac{\partial \tau}{\partial t} = \beta$$

$$\frac{\partial \tau}{\partial x} = -\frac{\beta v}{c^2}$$

$$\frac{\partial \xi}{\partial t} = -\beta v$$

$$\frac{\partial \xi}{\partial x} = \beta \qquad\qquad (6\text{-}1\text{-}13)$$

가 된다. 식 (6-1-13)을 식 (6-1-11)과 식 (6-1-12)에 넣으면

$$\frac{\partial}{\partial t} = \beta \frac{\partial}{\partial \tau} - \beta v \frac{\partial}{\partial \xi} \qquad (6\text{-}1\text{-}14)$$

$$\frac{\partial}{\partial x} = -\frac{v\beta}{c^2} \frac{\partial}{\partial \tau} + \beta \frac{\partial}{\partial \xi} \qquad (6\text{-}1\text{-}15)$$

가 된다. y와 z방향은 변하지 않으니까

$$\frac{\partial}{\partial y} = \frac{\partial}{\partial \eta} \qquad (6\text{-}1\text{-}16)$$

$$\frac{\partial}{\partial z} = \frac{\partial}{\partial \zeta} \qquad (6\text{-}1\text{-}17)$$

이다. 이제 식 (6-1-14)~(6-1-17)을 이용해 식 (6-1-1)을 다시 쓰면

$$\frac{\beta}{c}\left(\frac{\partial X}{\partial \tau} - v\frac{\partial X}{\partial \xi}\right) = \frac{\partial N}{\partial \eta} - \frac{\partial M}{\partial \zeta} \qquad (6\text{-}1\text{-}18)$$

가 된다. 한편 가우스 법칙 (6-1-7)에 식 (6-1-14)~(6-1-17)을 적용하면

$$-\frac{v\beta}{c^2}\frac{\partial X}{\partial \tau} + \beta\frac{\partial X}{\partial \xi} + \frac{\partial Y}{\partial \eta} + \frac{\partial Z}{\partial \zeta} = 0$$

이 되니까

$$\beta\frac{\partial X}{\partial \xi} = \frac{v\beta}{c^2}\frac{\partial X}{\partial \tau} - \frac{\partial Y}{\partial \eta} - \frac{\partial Z}{\partial \zeta} \qquad (6\text{-}1\text{-}19)$$

가 된다. 식 (6-1-19)를 식 (6-1-18)에 넣으면

$$\frac{\beta}{c}\frac{\partial X}{\partial \tau} - \frac{v}{c}\left(\frac{v\beta}{c^2}\frac{\partial X}{\partial \tau} - \frac{\partial Y}{\partial \eta} - \frac{\partial Z}{\partial \zeta}\right) = \frac{\partial N}{\partial \eta} - \frac{\partial M}{\partial \zeta}$$

이고, 이 식을 정리하면

$$\frac{\beta}{c}\left(1 - \frac{v^2}{c^2}\right)\frac{\partial X}{\partial \tau} = \frac{\partial}{\partial \eta}\left(N - \frac{v}{c}Y\right) - \frac{\partial}{\partial \zeta}\left(M + \frac{v}{c}Z\right) \qquad (6\text{-}1\text{-}20)$$

가 되어 식 (6-1-1')이 증명되었다.

물리군 (6-1-1')과 다른 모습이지 않나요?

정교수 $\frac{\beta}{c}\left(1 - \frac{v^2}{c^2}\right) = \frac{\beta}{c} \times \frac{1}{\beta^2} = \frac{1}{c\beta}$ 이므로 식 (6-1-20)은

$$\frac{1}{c\beta}\frac{\partial X}{\partial \tau} = \frac{\partial}{\partial \eta}\left(N - \frac{v}{c}Y\right) - \frac{\partial}{\partial \zeta}\left(M + \frac{v}{c}Z\right)$$

가 되고, 양변에 β를 곱하면 (6-1-1')이 되지.

물리군 그렇군요. 나머지는 제가 해 볼게요.

상대론적 도플러 효과 _ 두 관찰자는 전자기파의 위상을 어떻게 볼까?

정교수 이제 특수상대론 입장에서 도플러 효과가 어떻게 바뀌는지를 알아보려고 해. 우선 다음 두 가지를 꼭 명심하게.

- 광속은 움직이는 관찰자에게나 정지한 관찰자에게나 같게 측정된다.
- 빛은 전기장과 자기장의 진동으로 이루어진 전자기파이다.

아인슈타인은 정지한 관찰자와 움직이는 관찰자가 전자기파를 어떻게 다르게 묘사하는지에 관심을 가졌다. 다섯 번째 만남에서 얘기했듯이 전기장과 자기장은 광속으로 진행하는 파동이므로 전기장의 세 성분은

$$X = X_0 \sin\Phi$$
$$Y = Y_0 \sin\Phi$$
$$Z = Z_0 \sin\Phi \tag{6-2-1}$$

가 되고, 자기장의 세 성분은

$$L = L_0 \sin\Phi$$
$$M = M_0 \sin\Phi$$
$$N = N_0 \sin\Phi \tag{6-2-2}$$

가 된다. 여기서 Φ는 다섯 번째 만남에서 소개된

$$\Phi = wt - k_x x - k_y y - k_z z$$

이다. 아인슈타인은 여기서 $\vec{k}$의 방향을 나타내는 방향코사인을 도입했다.

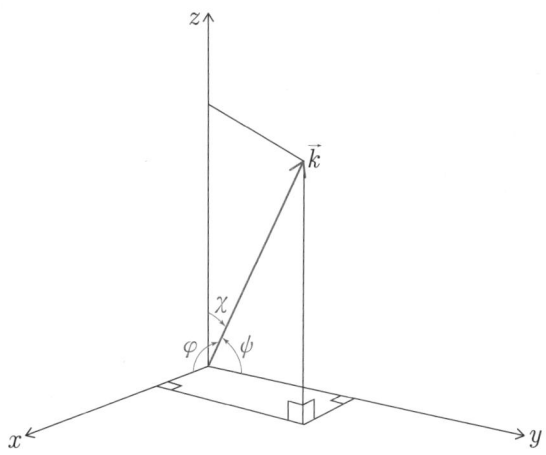

$\vec{k}$ 를 방향코사인으로 나타내면 다음과 같다.

$$k_x = |\vec{k}|\cos\varphi$$
$$k_y = |\vec{k}|\cos\psi$$
$$k_z = |\vec{k}|\cos\chi \tag{6-2-3}$$

아인슈타인은 세 개의 방향코사인을 다음과 같이 두었다.

$$l = \cos\varphi$$
$$m = \cos\psi$$
$$n = \cos\chi \tag{6-2-4}$$

그러니까

$$\Phi = w\left\{t - \frac{1}{c}(lx + my + nz)\right\}$$

가 된다. 이것은 정지한 관찰자가 묘사하는 전자기파의 모습이다. 속도 v로 움직이는 관찰자가 측정하는 전자기파의 위상을 Φ'이라고 하자. 움직이는 관찰자는 전자기파의 각진동수와 방향코사인을 다르게 관찰하게 될 것이다. 움직이는 관찰자가 측정한 각진동수를 w'이라 하고 방향코사인들을 l', m', n'이라고 하면 움직이는 관찰자가 측정하는 전자기파의 위상은

$$\Phi' = w'\left\{\tau - \frac{1}{c}(l'\xi + m'\eta + n'\zeta)\right\} \tag{6-2-5}$$

가 된다. 이 식에 로런츠 변환식을 넣어 보자.

$$\Phi' = w'\left[\beta\left(t - \frac{vx}{c^2}\right) - \frac{1}{c}\left\{l'\beta(x - vt) + m'\eta + n'\zeta\right\}\right]$$

$$= w'\left\{\beta\left(1 + \frac{l'v}{c}\right)t - \beta\left(\frac{v}{c^2} + \frac{l'}{c}\right)x - \frac{m'}{c}y - \frac{n'}{c}z\right\}$$

$$= w'\beta\left(1 + \frac{l'v}{c}\right)\left\{t - \left(\frac{\frac{v}{c^2} + \frac{l'}{c}}{1 + \frac{l'v}{c}}\right)x - \frac{m'}{\beta c\left(1 + \frac{l'v}{c}\right)}y - \frac{n'}{\beta c\left(1 + \frac{l'v}{c}\right)}z\right\}$$

여기서 아인슈타인은 정지한 관찰자나 움직이는 관찰자나 같은 전자기파(빛)를 보고 있으므로 두 관찰자가 측정하는 전자기파의 위상이 같아야 한다고 주장했다.

물리군 $\Phi' = \Phi$라는 얘긴가요?

정교수　그렇네.

이 조건으로부터

$$w'\beta\left(1+\frac{l'v}{c}\right)=w \tag{6-2-6}$$

$$\frac{\frac{v}{c^2}+\frac{l'}{c}}{1+\frac{l'v}{c}}=\frac{l}{c} \tag{6-2-7}$$

$$\frac{m'}{\beta c\left(1+\frac{l'v}{c}\right)}=\frac{m}{c} \tag{6-2-8}$$

$$\frac{n'}{\beta c\left(1+\frac{l'v}{c}\right)}=\frac{n}{c} \tag{6-2-9}$$

이 된다. 식 (6-2-7)로부터

$$l'=\frac{l-\frac{v}{c}}{1-\frac{lv}{c}} \tag{6-2-10}$$

가 되고, 이 식을 식 (6-2-8)과 (6-2-9)에 넣으면

$$m'=\frac{m}{\beta\left(1-\frac{lv}{c}\right)} \tag{6-2-11}$$

$$n'=\frac{n}{\beta\left(1-\frac{lv}{c}\right)} \tag{6-2-12}$$

이 된다. 마지막으로 움직이는 관찰자가 측정하는 각진동수와 정지한 관찰자가 측정하는 각진동수의 관계를 보자. 이 관계는 식 (6-2-6)에 식 (6-2-10)을 넣으면 된다. 즉,

$$
\begin{aligned}
w' &= \frac{w}{\beta\left(1 + \dfrac{l'v}{c}\right)} \\[2em]
&= \frac{w}{\beta\left\{1 + \dfrac{v}{c}\left(\dfrac{l - \dfrac{v}{c}}{1 - \dfrac{lv}{c}}\right)\right\}} \\[2em]
&= \beta\left(1 - \frac{v}{c}l\right)w
\end{aligned}
\tag{6-2-13}
$$

가 된다. 따라서 움직이는 관찰자가 측정하는 진동수(ν')와 정지한 관찰자가 측정하는 진동수(ν)의 관계는

$$
\nu' = \left(\frac{1 - \dfrac{v}{c}l}{\sqrt{1 - \dfrac{v^2}{c^2}}}\right)\nu
$$

가 된다.

물리군   도플러 효과 공식이 달라졌군요!

정교수   그렇지.

물리군   전기장과 자기장의 각 성분도 움직이는 관찰자에게는 다르게 나타나나요?

정교수 맞아. 전기장과 자기장의 각 성분은 움직이는 관찰자에게 다음과 같은 꼴이 되네.

$$X' = X_0 \sin \Phi'$$

$$Y' = \beta \left(Y_0 - \frac{v}{c} N_0 \right) \sin \Phi'$$

$$Z' = \beta \left(Z_0 + \frac{v}{c} M_0 \right) \sin \Phi'$$

$$L' = L_0 \sin \Phi'$$

$$M' = \beta \left(M_0 + \frac{v}{c} Z_0 \right) \sin \Phi'$$

$$N' = \beta \left(N_0 - \frac{v}{c} Y_0 \right) \sin \Phi'$$

질량 에너지 관계식 $E = Mc^2$ _ 하이라이트 공식의 탄생

정교수 이제 드디어 아인슈타인 논문의 막바지에 이르렀네. 마지막은 바로 유명한 $E = Mc^2$의 탄생이야.

물리군 하이라이트이군요!

정교수 자! 이제 아인슈타인이 어떻게 $E = Mc^2$을 찾아냈는지를 알아보겠네. 아인슈타인은 전자가 전기장 속에서 움직이는 경우를 생각했어.

물리군 전자는 전기를 띠고 있으니까 전기력을 받겠네요.

정교수 그렇다네. 전자의 질량을 m이라 두고, 전자의 전하량을 ε이라고 하겠네. 이제 전자와 함께 속도 v로 움직이는 관찰자를 생각하세.

움직이는 관찰자에게 전자는 정지해 있는 것으로 보이니까 움직이는 관찰자가 측정한 전자의 속도는 0이다. 이것을 수식으로 쓰면

$$\frac{d\xi}{d\tau} = 0 \qquad\qquad (6\text{-}3\text{-}1)$$

이다. 움직이는 관찰자 기준으로 전자의 운동방정식의 x방향만 쓰면

$$m\frac{d^2\xi}{d\tau^2} = \varepsilon X' \qquad\qquad (6\text{-}3\text{-}2)$$

이 된다.

지금까지의 상황을 이제 정지한 관찰자가 본다고 하자. 정지한 관찰자에게 전자의 속도는 아인슈타인의 속도 덧셈 규칙에 따라

$$\frac{dx}{dt} = \frac{\dfrac{d\xi}{d\tau} + v}{1 + \dfrac{1}{c^2}v\dfrac{d\xi}{d\tau}} = v \qquad\qquad (6\text{-}3\text{-}3)$$

가 된다. 즉, 정지한 관찰자에게 전자는 $x = vt$로 등속도 운동을 하고 있다.

물리군 정지한 관찰자가 보는 움직이는 관찰자의 속도와 같군요.

정교수 전자와 움직이는 관찰자가 같은 속도로 움직이기 때문이야.

하지만 가속도의 경우는 조금 복잡하지.

움직이는 관찰자가 측정하는 전자의 가속도는

$$\frac{d^2\xi}{d\tau^2}$$

이고, 정지한 관찰자가 측정하는 전자의 가속도는

$$\frac{d^2x}{dt^2}$$

이 된다. 이제 이들 사이의 관계를 찾아보자. 다음 식을 차근차근 쫓아오길 바란다.

$$\frac{d^2x}{dt^2} = \frac{d}{dt}\left(\frac{dx}{dt}\right)$$

$$= \frac{d}{dt}\left(\frac{\dfrac{d\xi}{d\tau} + v}{1 + \dfrac{1}{c^2}v\dfrac{d\xi}{d\tau}}\right) \qquad (6\text{-}3\text{-}4)$$

여기서 $\dfrac{d\xi}{d\tau} = u'$ 이라고 두겠다.

물리군 u' 은 0인가요?

정교수 아직 미분이 끝나지 않았기 때문에 0이라 놓을 수 없어. 미분을 모두 끝낸 후에 u' 을 0이라고 놓아야 하지. 그러니까 다음과 같아.

$$\frac{d^2x}{dt^2} = \frac{d}{dt}\left(\frac{u'+v}{1+\dfrac{1}{c^2}vu'}\right)$$

$$= \frac{du'}{dt}\frac{d}{du'}\left(\frac{u'+v}{1+\dfrac{1}{c^2}vu'}\right)$$

$$= \left\{\frac{1-\dfrac{v^2}{c^2}}{\left(1+\dfrac{1}{c^2}vu'\right)^2}\right\}\frac{du'}{dt}$$

$$= \left\{\frac{1-\dfrac{v^2}{c^2}}{\left(1+\dfrac{1}{c^2}vu'\right)^2}\right\}\frac{du'}{d\tau}\frac{d\tau}{dt}$$

한편 $\tau = \beta\left(t - \dfrac{vx}{c^2}\right)$이므로

$$\frac{d\tau}{dt} = \beta\left(1 - \frac{v}{c^2}\frac{dx}{dt}\right)$$

가 되고,

$$\frac{du'}{d\tau} = \frac{d^2\xi}{d\tau^2}$$

이므로

$$\frac{d^2x}{dt^2} = \left\{\frac{1-\dfrac{v^2}{c^2}}{\left(1+\dfrac{1}{c^2}vu'\right)^2}\right\}\beta\left(1 - \frac{v}{c^2}\frac{dx}{dt}\right)\frac{d^2\xi}{d\tau^2} \tag{6-3-5}$$

이 된다.

이제 모든 미분을 마쳤으므로 $u' = \dfrac{d\xi}{d\tau} = 0$과 $\dfrac{dx}{dt} = v$를 사용하면

$$\frac{d^2 x}{dt^2} = \beta^{-3} \frac{d^2 \xi}{d\tau^2} \tag{6-3-6}$$

이 된다. $X' = X$이므로 식 (6-3-2)는

$$m \beta^3 \frac{d^2 x}{dt^2} = \varepsilon X \tag{6-3-7}$$

가 된다. 이것이 정지한 관찰자 기준의 운동방정식이다.

물리군 v가 c에 비해 너무너무 작으면

$$m \frac{d^2 x}{dt^2} = \varepsilon X$$

가 되겠군요.

정교수 그렇지. 그때 뉴턴 역학이 되는 거야. 이제 전기력이 한 일을 계산해 보겠네. 전자가 x방향으로 움직이므로 힘의 x방향 성분만 고려하면 돼.

$$W = \int F_x dx = \int \varepsilon X dx$$

이므로 식 (6-3-7)을 이용하면

$$W = \int m\beta^3 \frac{dv}{dt} dx \tag{6-3-8}$$

가 된다. 여기서 $v = \dfrac{dx}{dt}$이므로 식 (6-3-8)은 다음과 같이 변형된다.

$$W = \int m\beta^3 \frac{dv}{dt} \frac{dx}{dt} dt$$

$$= \int m\beta^3 \frac{dv}{dt} v dt$$

$$= \int m\beta^3 v dv \tag{6-3-9}$$

이제 움직이는 좌표계의 기준으로 전자가 정지해 있다가 전기력을 받아 속도 V가 되는 경우를 보자. 이때 일은 다음과 같다.

$$W = m \int_0^V \frac{v}{\left(1 - \dfrac{v^2}{c^2}\right)^{\frac{3}{2}}} dv$$

이 식에서 $\dfrac{v}{c} = U$라고 치환하면 $dv = cdU$ 이므로

$$W = mc^2 \int_0^{\frac{V}{c}} \frac{U}{(1 - U^2)^{\frac{3}{2}}} dU$$

가 된다. 여기서

$$1 - U^2 = P$$

라고 치환하면

$$-2UdU = dP$$

가 되므로

$$W = mc^2 \int_1^{1-\frac{V^2}{c^2}} \left(-\frac{1}{2}\right) P^{-\frac{3}{2}} dP$$

$$= mc^2 \left(\frac{1}{\sqrt{1-\dfrac{V^2}{c^2}}} - 1\right)$$

$$= \frac{mc^2}{\sqrt{1-\dfrac{V^2}{c^2}}} - mc^2$$

이 된다. 일은 운동에너지의 차이이므로 정지해 있을 때 운동에너지를 0이라고 하면, 특수상대성이론에 의한 운동에너지 K는

$$K = \frac{mc^2}{\sqrt{1-\dfrac{V^2}{c^2}}} - mc^2$$

이 된다. 아인슈타인은 mc^2을 물체의 정지에너지라 불렀고, 정지에너지와 상대론적 운동에너지의 합을 상대론적 총에너지 E라고 불렀다. 그러므로

$$E = K + mc^2 = \frac{mc^2}{\sqrt{1-\dfrac{V^2}{c^2}}}$$

이 되는데, 아인슈타인은 속도 V로 움직이는 물체는 질량이

$$M(V) = \frac{m}{\sqrt{1 - \dfrac{V^2}{c^2}}}$$

으로 변한다는 것을 알아냈다. 따라서 속도 V로 움직이는 물체의 상대론적 총에너지는

$$E = M(V)c^2$$

이라는 놀라운 결과를 얻어냈다.

물리군   뉴턴의 운동에너지와는 다른 모습이네요.

정교수   뉴턴의 운동에너지는 움직이는 속도가 광속에 비해 너무너무 작을 때의 상황이야. 운동에너지에서 테일러 전개를 쓰면

$$K = \frac{mc^2}{\sqrt{1 - \dfrac{V^2}{c^2}}} - mc^2 = mc^2 \left\{ 1 - \frac{1}{2}\left(-\frac{V^2}{c^2}\right) + \cdots \right\} - mc^2$$

이 되고 V가 c에 비해 너무너무 작으면

$$K \approx \frac{1}{2}mV^2$$

이 되어 뉴턴 역학의 운동에너지가 얻어진다네.

물리군   그렇군요.

만남에 덧붙여

ON THE ELECTRODYNAMICS OF MOVING BODIES

By A. EINSTEIN

June 30, 1905

It is known that Maxwell's electrodynamics—as usually understood at the present time—when applied to moving bodies, leads to asymmetries which do not appear to be inherent in the phenomena. Take, for example, the reciprocal electrodynamic action of a magnet and a conductor. The observable phenomenon here depends only on the relative motion of the conductor and the magnet, whereas the customary view draws a sharp distinction between the two cases in which either the one or the other of these bodies is in motion. For if the magnet is in motion and the conductor at rest, there arises in the neighbourhood of the magnet an electric field with a certain definite energy, producing a current at the places where parts of the conductor are situated. But if the magnet is stationary and the conductor in motion, no electric field arises in the neighbourhood of the magnet. In the conductor, however, we find an electromotive force, to which in itself there is no corresponding energy, but which gives rise—assuming equality of relative motion in the two cases discussed—to electric currents of the same path and intensity as those produced by the electric forces in the former case.

Examples of this sort, together with the unsuccessful attempts to discover any motion of the earth relatively to the "light medium," suggest that the phenomena of electrodynamics as well as of mechanics possess no properties corresponding to the idea of absolute rest. They suggest rather that, as has already been shown to the first order of small quantities, the same laws of electrodynamics and optics will be valid for all frames of reference for which the equations of mechanics hold good.[1] We will raise this conjecture (the purport of which will hereafter be called the "Principle of Relativity") to the status of a postulate, and also introduce another postulate, which is only apparently irreconcilable with the former, namely, that light is always propagated in empty space with a definite velocity c which is independent of the state of motion of the emitting body. These two postulates suffice for the attainment of a simple and consistent theory of the electrodynamics of moving bodies based on Maxwell's theory for stationary bodies. The introduction of a "luminiferous ether" will prove to be superfluous inasmuch as the view here to be developed will not require an "absolutely stationary space" provided with special properties, nor

---

[1] The preceding memoir by Lorentz was not at this time known to the author.

assign a velocity-vector to a point of the empty space in which electromagnetic processes take place.

The theory to be developed is based—like all electrodynamics—on the kinematics of the rigid body, since the assertions of any such theory have to do with the relationships between rigid bodies (systems of co-ordinates), clocks, and electromagnetic processes. Insufficient consideration of this circumstance lies at the root of the difficulties which the electrodynamics of moving bodies at present encounters.

I. KINEMATICAL PART

§ 1. Definition of Simultaneity

Let us take a system of co-ordinates in which the equations of Newtonian mechanics hold good.[2] In order to render our presentation more precise and to distinguish this system of co-ordinates verbally from others which will be introduced hereafter, we call it the "stationary system."

If a material point is at rest relatively to this system of co-ordinates, its position can be defined relatively thereto by the employment of rigid standards of measurement and the methods of Euclidean geometry, and can be expressed in Cartesian co ordinates.

If we wish to describe the *motion* of a material point, we give the values of its co-ordinates as functions of the time. Now we must bear carefully in mind that a mathematical description of this kind has no physical meaning unless we are quite clear as to what we understand by "time." We have to take into account that all our judgments in which time plays a part are always judgments of *simultaneous events*. If, for instance, I say, "That train arrives here at 7 o'clock," I mean something like this: "The pointing of the small hand of my watch to 7 and the arrival of the train are simultaneous events."[3]

It might appear possible to overcome all the difficulties attending the definition of "time" by substituting "the position of the small hand of my watch" for "time." And in fact such a definition is satisfactory when we are concerned with defining a time exclusively for the place where the watch is located; but it is no longer satisfactory when we have to connect in time series of events occurring at different places, or—what comes to the same thing—to evaluate the times of events occurring at places remote from the watch.

We might, of course, content ourselves with time values determined by an observer stationed together with the watch at the origin of the co-ordinates, and co-ordinating the corresponding positions of the hands with light signals, given out by every event to be timed, and reaching him through empty space. But this co-ordination has the disadvantage that it is not independent of the standpoint of the observer with the watch or clock, as we know from experience.

---

[2]i.e. to the first approximation.

[3]We shall not here discuss the inexactitude which lurks in the concept of simultaneity of two events at approximately the same place, which can only be removed by an abstraction.

We arrive at a much more practical determination along the following line of thought.

If at the point A of space there is a clock, an observer at A can determine the time values of events in the immediate proximity of A by finding the positions of the hands which are simultaneous with these events. If there is at the point B of space another clock in all respects resembling the one at A, it is possible for an observer at B to determine the time values of events in the immediate neighbourhood of B. But it is not possible without further assumption to compare, in respect of time, an event at A with an event at B. We have so far defined only an "A time" and a "B time." We have not defined a common "time" for A and B, for the latter cannot be defined at all unless we establish *by definition* that the "time" required by light to travel from A to B equals the "time" it requires to travel from B to A. Let a ray of light start at the "A time" t_A from A towards B, let it at the "B time" t_B be reflected at B in the direction of A, and arrive again at A at the "A time" t'_A.

In accordance with definition the two clocks synchronize if

$$t_B - t_A = t'_A - t_B.$$

We assume that this definition of synchronism is free from contradictions, and possible for any number of points; and that the following relations are universally valid:—

1. If the clock at B synchronizes with the clock at A, the clock at A synchronizes with the clock at B.

2. If the clock at A synchronizes with the clock at B and also with the clock at C, the clocks at B and C also synchronize with each other.

Thus with the help of certain imaginary physical experiments we have settled what is to be understood by synchronous stationary clocks located at different places, and have evidently obtained a definition of "simultaneous," or "synchronous," and of "time." The "time" of an event is that which is given simultaneously with the event by a stationary clock located at the place of the event, this clock being synchronous, and indeed synchronous for all time determinations, with a specified stationary clock.

In agreement with experience we further assume the quantity

$$\frac{2AB}{t'_A - t_A} = c,$$

to be a universal constant—the velocity of light in empty space.

It is essential to have time defined by means of stationary clocks in the stationary system, and the time now defined being appropriate to the stationary system we call it "the time of the stationary system."

§ 2. On the Relativity of Lengths and Times

The following reflexions are based on the principle of relativity and on the principle of the constancy of the velocity of light. These two principles we define as follows:—

세상에서 가장 쉬운 과학 수업 **특수상대성이론**

1. The laws by which the states of physical systems undergo change are not affected, whether these changes of state be referred to the one or the other of two systems of co-ordinates in uniform translatory motion.

2. Any ray of light moves in the "stationary" system of co-ordinates with the determined velocity c, whether the ray be emitted by a stationary or by a moving body. Hence

$$\text{velocity} = \frac{\text{light path}}{\text{time interval}}$$

where time interval is to be taken in the sense of the definition in § 1.

Let there be given a stationary rigid rod; and let its length be l as measured by a measuring-rod which is also stationary. We now imagine the axis of the rod lying along the axis of x of the stationary system of co-ordinates, and that a uniform motion of parallel translation with velocity v along the axis of x in the direction of increasing x is then imparted to the rod. We now inquire as to the length of the moving rod, and imagine its length to be ascertained by the following two operations:—

(a) The observer moves together with the given measuring-rod and the rod to be measured, and measures the length of the rod directly by superposing the measuring-rod, in just the same way as if all three were at rest.

(b) By means of stationary clocks set up in the stationary system and synchronizing in accordance with § 1, the observer ascertains at what points of the stationary system the two ends of the rod to be measured are located at a definite time. The distance between these two points, measured by the measuring-rod already employed, which in this case is at rest, is also a length which may be designated "the length of the rod."

In accordance with the principle of relativity the length to be discovered by the operation (a)—we will call it "the length of the rod in the moving system"— must be equal to the length l of the stationary rod.

The length to be discovered by the operation (b) we will call "the length of the (moving) rod in the stationary system." This we shall determine on the basis of our two principles, and we shall find that it differs from l.

Current kinematics tacitly assumes that the lengths determined by these two operations are precisely equal, or in other words, that a moving rigid body at the epoch t may in geometrical respects be perfectly represented by *the same* body *at rest* in a definite position.

We imagine further that at the two ends A and B of the rod, clocks are placed which synchronize with the clocks of the stationary system, that is to say that their indications correspond at any instant to the "time of the stationary system" at the places where they happen to be. These clocks are therefore "synchronous in the stationary system."

We imagine further that with each clock there is a moving observer, and that these observers apply to both clocks the criterion established in § 1 for the synchronization of two clocks. Let a ray of light depart from A at the time[4] t_A,

---

[4] "Time" here denotes "time of the stationary system" and also "position of hands of the moving clock situated at the place under discussion."

let it be reflected at B at the time t_B, and reach A again at the time t'_A. Taking into consideration the principle of the constancy of the velocity of light we find that

$$t_B - t_A = \frac{r_{AB}}{c - v} \text{ and } t'_A - t_B = \frac{r_{AB}}{c + v}$$

where r_{AB} denotes the length of the moving rod—measured in the stationary system. Observers moving with the moving rod would thus find that the two clocks were not synchronous, while observers in the stationary system would declare the clocks to be synchronous.

So we see that we cannot attach any *absolute* signification to the concept of simultaneity, but that two events which, viewed from a system of co-ordinates, are simultaneous, can no longer be looked upon as simultaneous events when envisaged from a system which is in motion relatively to that system.

§ 3. Theory of the Transformation of Co-ordinates and Times from a Stationary System to another System in Uniform Motion of Translation Relatively to the Former

Let us in "stationary" space take two systems of co-ordinates, i.e. two systems, each of three rigid material lines, perpendicular to one another, and issuing from a point. Let the axes of X of the two systems coincide, and their axes of Y and Z respectively be parallel. Let each system be provided with a rigid measuring-rod and a number of clocks, and let the two measuring-rods, and likewise all the clocks of the two systems, be in all respects alike.

Now to the origin of one of the two systems (k) let a constant velocity v be imparted in the direction of the increasing x of the other stationary system (K), and let this velocity be communicated to the axes of the co-ordinates, the relevant measuring-rod, and the clocks. To any time of the stationary system K there then will correspond a definite position of the axes of the moving system, and from reasons of symmetry we are entitled to assume that the motion of k may be such that the axes of the moving system are at the time t (this "t" always denotes a time of the stationary system) parallel to the axes of the stationary system.

We now imagine space to be measured from the stationary system K by means of the stationary measuring-rod, and also from the moving system k by means of the measuring-rod moving with it; and that we thus obtain the co-ordinates x, y, z, and ξ, η, ζ respectively. Further, let the time t of the stationary system be determined for all points thereof at which there are clocks by means of light signals in the manner indicated in § 1; similarly let the time τ of the moving system be determined for all points of the moving system at which there are clocks at rest relatively to that system by applying the method, given in § 1, of light signals between the points at which the latter clocks are located.

To any system of values x, y, z, t, which completely defines the place and time of an event in the stationary system, there belongs a system of values ξ,

η, ζ, τ, determining that event relatively to the system k, and our task is now to find the system of equations connecting these quantities.

In the first place it is clear that the equations must be *linear* on account of the properties of homogeneity which we attribute to space and time.

If we place $x' = x - vt$, it is clear that a point at rest in the system k must have a system of values x', y, z, independent of time. We first define τ as a function of x', y, z, and t. To do this we have to express in equations that τ is nothing else than the summary of the data of clocks at rest in system k, which have been synchronized according to the rule given in § 1.

From the origin of system k let a ray be emitted at the time τ_0 along the X-axis to x', and at the time τ_1 be reflected thence to the origin of the co-ordinates, arriving there at the time τ_2; we then must have $\frac{1}{2}(\tau_0 + \tau_2) = \tau_1$, or, by inserting the arguments of the function τ and applying the principle of the constancy of the velocity of light in the stationary system:—

$$\frac{1}{2}\left[\tau(0,0,0,t) + \tau\left(0,0,0,t+\frac{x'}{c-v}+\frac{x'}{c+v}\right)\right] = \tau\left(x',0,0,t+\frac{x'}{c-v}\right).$$

Hence, if x' be chosen infinitesimally small,

$$\frac{1}{2}\left(\frac{1}{c-v}+\frac{1}{c+v}\right)\frac{\partial\tau}{\partial t} = \frac{\partial\tau}{\partial x'} + \frac{1}{c-v}\frac{\partial\tau}{\partial t},$$

or

$$\frac{\partial\tau}{\partial x'} + \frac{v}{c^2 - v^2}\frac{\partial\tau}{\partial t} = 0.$$

It is to be noted that instead of the origin of the co-ordinates we might have chosen any other point for the point of origin of the ray, and the equation just obtained is therefore valid for all values of x', y, z.

An analogous consideration—applied to the axes of Y and Z—it being borne in mind that light is always propagated along these axes, when viewed from the stationary system, with the velocity $\sqrt{c^2 - v^2}$ gives us

$$\frac{\partial\tau}{\partial y} = 0, \frac{\partial\tau}{\partial z} = 0.$$

Since τ is a *linear* function, it follows from these equations that

$$\tau = a\left(t - \frac{v}{c^2 - v^2}x'\right)$$

where a is a function $\phi(v)$ at present unknown, and where for brevity it is assumed that at the origin of k, $\tau = 0$, when $t = 0$.

With the help of this result we easily determine the quantities ξ, η, ζ by expressing in equations that light (as required by the principle of the constancy of the velocity of light, in combination with the principle of relativity) is also propagated with velocity c when measured in the moving system. For a ray of light emitted at the time $\tau = 0$ in the direction of the increasing ξ

$$\xi = c\tau \text{ or } \xi = ac\left(t - \frac{v}{c^2 - v^2}x'\right).$$

But the ray moves relatively to the initial point of k, when measured in the stationary system, with the velocity $c - v$, so that

$$\frac{x'}{c - v} = t.$$

If we insert this value of t in the equation for ξ, we obtain

$$\xi = a\frac{c^2}{c^2 - v^2}x'.$$

In an analogous manner we find, by considering rays moving along the two other axes, that

$$\eta = c\tau = ac\left(t - \frac{v}{c^2 - v^2}x'\right)$$

when

$$\frac{y}{\sqrt{c^2 - v^2}} = t, \ x' = 0.$$

Thus

$$\eta = a\frac{c}{\sqrt{c^2 - v^2}}y \text{ and } \zeta = a\frac{c}{\sqrt{c^2 - v^2}}z.$$

Substituting for x' its value, we obtain

$$
\begin{aligned}
\tau &= \phi(v)\beta(t - vx/c^2), \\
\xi &= \phi(v)\beta(x - vt), \\
\eta &= \phi(v)y, \\
\zeta &= \phi(v)z,
\end{aligned}
$$

where

$$\beta = \frac{1}{\sqrt{1 - v^2/c^2}},$$

and ϕ is an as yet unknown function of v. If no assumption whatever be made as to the initial position of the moving system and as to the zero point of τ, an additive constant is to be placed on the right side of each of these equations.

세상에서 가장 쉬운 과학 수업 **특수상대성이론**

We now have to prove that any ray of light, measured in the moving system, is propagated with the velocity c, if, as we have assumed, this is the case in the stationary system; for we have not as yet furnished the proof that the principle of the constancy of the velocity of light is compatible with the principle of relativity.

At the time $t = \tau = 0$, when the origin of the co-ordinates is common to the two systems, let a spherical wave be emitted therefrom, and be propagated with the velocity c in system K. If (x, y, z) be a point just attained by this wave, then

$$x^2 + y^2 + z^2 = c^2 t^2.$$

Transforming this equation with the aid of our equations of transformation we obtain after a simple calculation

$$\xi^2 + \eta^2 + \zeta^2 = c^2 \tau^2.$$

The wave under consideration is therefore no less a spherical wave with velocity of propagation c when viewed in the moving system. This shows that our two fundamental principles are compatible.[5]

In the equations of transformation which have been developed there enters an unknown function ϕ of v, which we will now determine.

For this purpose we introduce a third system of co-ordinates K', which relatively to the system k is in a state of parallel translatory motion parallel to the axis of Ξ,[†] such that the origin of co-ordinates of system K' moves with velocity $-v$ on the axis of Ξ. At the time $t = 0$ let all three origins coincide, and when $t = x = y = z = 0$ let the time t' of the system K' be zero. We call the co-ordinates, measured in the system K', x', y', z', and by a twofold application of our equations of transformation we obtain

$$
\begin{aligned}
t' &= \phi(-v)\beta(-v)(\tau + v\xi/c^2) & &= \phi(v)\phi(-v)t, \\
x' &= \phi(-v)\beta(-v)(\xi + v\tau) & &= \phi(v)\phi(-v)x, \\
y' &= \phi(-v)\eta & &= \phi(v)\phi(-v)y, \\
z' &= \phi(-v)\zeta & &= \phi(v)\phi(-v)z.
\end{aligned}
$$

Since the relations between x', y', z' and x, y, z do not contain the time t, the systems K and K' are at rest with respect to one another, and it is clear that the transformation from K to K' must be the identical transformation. Thus

$$\phi(v)\phi(-v) = 1.$$

---

[5]The equations of the Lorentz transformation may be more simply deduced directly from the condition that in virtue of those equations the relation $x^2 + y^2 + z^2 = c^2 t^2$ shall have as its consequence the second relation $\xi^2 + \eta^2 + \zeta^2 = c^2 \tau^2$.

[†]Editor's note: In Einstein's original paper, the symbols (Ξ, H, Z) for the co-ordinates of the moving system k were introduced without explicitly defining them. In the 1923 English translation, (X, Y, Z) were used, creating an ambiguity between X co-ordinates in the fixed system K and the parallel axis in moving system k. Here and in subsequent references we use Ξ when referring to the axis of system k along which the system is translating with respect to K. In addition, the reference to system K' later in this sentence was incorrectly given as "k" in the 1923 English translation.

We now inquire into the signification of $\phi(v)$. We give our attention to that part of the axis of Y of system k which lies between $\xi = 0, \eta = 0, \zeta = 0$ and $\xi = 0, \eta = l, \zeta = 0$. This part of the axis of Y is a rod moving perpendicularly to its axis with velocity v relatively to system K. Its ends possess in K the co-ordinates

$$x_1 = vt, \; y_1 = \frac{l}{\phi(v)}, \; z_1 = 0$$

and

$$x_2 = vt, \; y_2 = 0, \; z_2 = 0.$$

The length of the rod measured in K is therefore $l/\phi(v)$; and this gives us the meaning of the function $\phi(v)$. From reasons of symmetry it is now evident that the length of a given rod moving perpendicularly to its axis, measured in the stationary system, must depend only on the velocity and not on the direction and the sense of the motion. The length of the moving rod measured in the stationary system does not change, therefore, if v and $-v$ are interchanged. Hence follows that $l/\phi(v) = l/\phi(-v)$, or

$$\phi(v) = \phi(-v).$$

It follows from this relation and the one previously found that $\phi(v) = 1$, so that the transformation equations which have been found become

$$
\begin{aligned}
\tau &= \beta(t - vx/c^2), \\
\xi &= \beta(x - vt), \\
\eta &= y, \\
\zeta &= z,
\end{aligned}
$$

where

$$\beta = 1/\sqrt{1 - v^2/c^2}.$$

§ 4. Physical Meaning of the Equations Obtained in Respect to Moving Rigid Bodies and Moving Clocks

We envisage a rigid sphere[6] of radius R, at rest relatively to the moving system k, and with its centre at the origin of co-ordinates of k. The equation of the surface of this sphere moving relatively to the system K with velocity v is

$$\xi^2 + \eta^2 + \zeta^2 = R^2.$$

---

[6]That is, a body possessing spherical form when examined at rest.

세상에서 가장 쉬운 과학 수업 특수상대성이론

The equation of this surface expressed in x, y, z at the time $t = 0$ is

$$\frac{x^2}{(\sqrt{1 - v^2/c^2})^2} + y^2 + z^2 = R^2.$$

A rigid body which, measured in a state of rest, has the form of a sphere, therefore has in a state of motion—viewed from the stationary system—the form of an ellipsoid of revolution with the axes

$$R\sqrt{1 - v^2/c^2},\ R,\ R.$$

Thus, whereas the Y and Z dimensions of the sphere (and therefore of every rigid body of no matter what form) do not appear modified by the motion, the X dimension appears shortened in the ratio $1 : \sqrt{1 - v^2/c^2}$, i.e. the greater the value of v, the greater the shortening. For $v = c$ all moving objects—viewed from the "stationary" system—shrivel up into plane figures.[†] For velocities greater than that of light our deliberations become meaningless; we shall, however, find in what follows, that the velocity of light in our theory plays the part, physically, of an infinitely great velocity.

It is clear that the same results hold good of bodies at rest in the "stationary" system, viewed from a system in uniform motion.

Further, we imagine one of the clocks which are qualified to mark the time t when at rest relatively to the stationary system, and the time τ when at rest relatively to the moving system, to be located at the origin of the co-ordinates of k, and so adjusted that it marks the time τ. What is the rate of this clock, when viewed from the stationary system?

Between the quantities x, t, and τ, which refer to the position of the clock, we have, evidently, $x = vt$ and

$$\tau = \frac{1}{\sqrt{1 - v^2/c^2}}(t - vx/c^2).$$

Therefore,

$$\tau = t\sqrt{1 - v^2/c^2} = t - (1 - \sqrt{1 - v^2/c^2})t$$

whence it follows that the time marked by the clock (viewed in the stationary system) is slow by $1 - \sqrt{1 - v^2/c^2}$ seconds per second, or—neglecting magnitudes of fourth and higher order—by $\frac{1}{2}v^2/c^2$.

From this there ensues the following peculiar consequence. If at the points A and B of K there are stationary clocks which, viewed in the stationary system, are synchronous; and if the clock at A is moved with the velocity v along the line AB to B, then on its arrival at B the two clocks no longer synchronize, but the clock moved from A to B lags behind the other which has remained at

---

[†]Editor's note: In the 1923 English translation, this phrase was erroneously translated as "plain figures". I have used the correct "plane figures" in this edition.

B by $\frac{1}{2}tv^2/c^2$ (up to magnitudes of fourth and higher order), t being the time occupied in the journey from A to B.

It is at once apparent that this result still holds good if the clock moves from A to B in any polygonal line, and also when the points A and B coincide.

If we assume that the result proved for a polygonal line is also valid for a continuously curved line, we arrive at this result: If one of two synchronous clocks at A is moved in a closed curve with constant velocity until it returns to A, the journey lasting t seconds, then by the clock which has remained at rest the travelled clock on its arrival at A will be $\frac{1}{2}tv^2/c^2$ second slow. Thence we conclude that a balance-clock[7] at the equator must go more slowly, by a very small amount, than a precisely similar clock situated at one of the poles under otherwise identical conditions.

§ 5. The Composition of Velocities

In the system k moving along the axis of X of the system K with velocity v, let a point move in accordance with the equations

$$\xi = w_\xi \tau, \eta = w_\eta \tau, \zeta = 0,$$

where w_ξ and w_η denote constants.

Required: the motion of the point relatively to the system K. If with the help of the equations of transformation developed in § 3 we introduce the quantities x, y, z, t into the equations of motion of the point, we obtain

$$x \quad = \quad \frac{w_\xi + v}{1 + vw_\xi/c^2}t,$$

$$y \quad = \quad \frac{\sqrt{1 - v^2/c^2}}{1 + vw_\xi/c^2}w_\eta t,$$

$$z \quad = 0.$$

Thus the law of the parallelogram of velocities is valid according to our theory only to a first approximation. We set

$$V^2 \quad = \quad \left(\frac{dx}{dt}\right)^2 + \left(\frac{dy}{dt}\right)^2,$$

$$w^2 \quad = \quad w_\xi^2 + w_\eta^2,$$

$$a \quad = \quad \tan^{-1} w_\eta/w_\xi,\text{†}$$

---

[7] Not a pendulum-clock, which is physically a system to which the Earth belongs. This case had to be excluded.

† Editor's note: This equation was incorrectly given in Einstein's original paper and the 1923 English translation as $a = \tan^{-1} w_y/w_x$.

a is then to be looked upon as the angle between the velocities v and w. After a simple calculation we obtain

$$V = \frac{\sqrt{(v^2 + w^2 + 2vw \cos a) - (vw \sin a/c)^2}}{1 + vw \cos a/c^2}.$$

It is worthy of remark that v and w enter into the expression for the resultant velocity in a symmetrical manner. If w also has the direction of the axis of X, we get

$$V = \frac{v + w}{1 + vw/c^2}.$$

It follows from this equation that from a composition of two velocities which are less than c, there always results a velocity less than c. For if we set $v = c - \kappa, w = c - \lambda$, κ and λ being positive and less than c, then

$$V = c\frac{2c - \kappa - \lambda}{2c - \kappa - \lambda + \kappa\lambda/c} < c.$$

It follows, further, that the velocity of light c cannot be altered by composition with a velocity less than that of light. For this case we obtain

$$V = \frac{c + w}{1 + w/c} = c.$$

We might also have obtained the formula for V, for the case when v and w have the same direction, by compounding two transformations in accordance with § 3. If in addition to the systems K and k figuring in § 3 we introduce still another system of co-ordinates k' moving parallel to k, its initial point moving on the axis of $\Xi^{\dagger}$ with the velocity w, we obtain equations between the quantities x, y, z, t and the corresponding quantities of k', which differ from the equations found in § 3 only in that the place of "v" is taken by the quantity

$$\frac{v + w}{1 + vw/c^2};$$

from which we see that such parallel transformations—necessarily—form a group.

We have now deduced the requisite laws of the theory of kinematics corresponding to our two principles, and we proceed to show their application to electrodynamics.

II. ELECTRODYNAMICAL PART

§ 6. Transformation of the Maxwell-Hertz Equations for Empty Space. On the Nature of the Electromotive Forces Occurring in a Magnetic Field During Motion

Let the Maxwell-Hertz equations for empty space hold good for the stationary system K, so that we have

---

†Editor's note: "X" in the 1923 English translation.

$$\frac{1}{c}\frac{\partial X}{\partial t} = \frac{\partial N}{\partial y} - \frac{\partial M}{\partial z}, \quad \frac{1}{c}\frac{\partial L}{\partial t} = \frac{\partial Y}{\partial z} - \frac{\partial Z}{\partial y},$$

$$\frac{1}{c}\frac{\partial Y}{\partial t} = \frac{\partial L}{\partial z} - \frac{\partial N}{\partial x}, \quad \frac{1}{c}\frac{\partial M}{\partial t} = \frac{\partial Z}{\partial x} - \frac{\partial X}{\partial z},$$

$$\frac{1}{c}\frac{\partial Z}{\partial t} = \frac{\partial M}{\partial x} - \frac{\partial L}{\partial y}, \quad \frac{1}{c}\frac{\partial N}{\partial t} = \frac{\partial X}{\partial y} - \frac{\partial Y}{\partial x},$$

where (X, Y, Z) denotes the vector of the electric force, and (L, M, N) that of the magnetic force.

If we apply to these equations the transformation developed in § 3, by referring the electromagnetic processes to the system of co-ordinates there introduced, moving with the velocity v, we obtain the equations

$$\frac{1}{c}\frac{\partial X}{\partial \tau} = \frac{\partial}{\partial \eta}\left\{\beta\left(N - \frac{v}{c}Y\right)\right\} - \frac{\partial}{\partial \zeta}\left\{\beta\left(M + \frac{v}{c}Z\right)\right\},$$

$$\frac{1}{c}\frac{\partial}{\partial \tau}\left\{\beta\left(Y - \frac{v}{c}N\right)\right\} = \frac{\partial L}{\partial \xi} - \frac{\partial}{\partial \zeta}\left\{\beta\left(N - \frac{v}{c}Y\right)\right\},$$

$$\frac{1}{c}\frac{\partial}{\partial \tau}\left\{\beta\left(Z + \frac{v}{c}M\right)\right\} = \frac{\partial}{\partial \xi}\left\{\beta\left(M + \frac{v}{c}Z\right)\right\} - \frac{\partial L}{\partial \eta},$$

$$\frac{1}{c}\frac{\partial L}{\partial \tau} = \frac{\partial}{\partial \zeta}\left\{\beta\left(Y - \frac{v}{c}N\right)\right\} - \frac{\partial}{\partial \eta}\left\{\beta\left(Z + \frac{v}{c}M\right)\right\},$$

$$\frac{1}{c}\frac{\partial}{\partial \tau}\left\{\beta\left(M + \frac{v}{c}Z\right)\right\} = \frac{\partial}{\partial \xi}\left\{\beta\left(Z + \frac{v}{c}M\right)\right\} - \frac{\partial X}{\partial \zeta},$$

$$\frac{1}{c}\frac{\partial}{\partial \tau}\left\{\beta\left(N - \frac{v}{c}Y\right)\right\} = \frac{\partial X}{\partial \eta} - \frac{\partial}{\partial \xi}\left\{\beta\left(Y - \frac{v}{c}N\right)\right\},$$

where

$$\beta = 1/\sqrt{1 - v^2/c^2}.$$

Now the principle of relativity requires that if the Maxwell-Hertz equations for empty space hold good in system K, they also hold good in system k; that is to say that the vectors of the electric and the magnetic force—(X′, Y′, Z′) and (L′, M′, N′)—of the moving system k, which are defined by their ponderomotive effects on electric or magnetic masses respectively, satisfy the following equations:—

$$\frac{1}{c}\frac{\partial X'}{\partial \tau} = \frac{\partial N'}{\partial \eta} - \frac{\partial M'}{\partial \zeta}, \quad \frac{1}{c}\frac{\partial L'}{\partial \tau} = \frac{\partial Y'}{\partial \zeta} - \frac{\partial Z'}{\partial \eta},$$

$$\frac{1}{c}\frac{\partial Y'}{\partial \tau} = \frac{\partial L'}{\partial \zeta} - \frac{\partial N'}{\partial \xi}, \quad \frac{1}{c}\frac{\partial M'}{\partial \tau} = \frac{\partial Z'}{\partial \xi} - \frac{\partial X'}{\partial \zeta},$$

$$\frac{1}{c}\frac{\partial Z'}{\partial \tau} = \frac{\partial M'}{\partial \xi} - \frac{\partial L'}{\partial \eta}, \quad \frac{1}{c}\frac{\partial N'}{\partial \tau} = \frac{\partial X'}{\partial \eta} - \frac{\partial Y'}{\partial \xi}.$$

Evidently the two systems of equations found for system k must express exactly the same thing, since both systems of equations are equivalent to the Maxwell-Hertz equations for system K. Since, further, the equations of the two systems agree, with the exception of the symbols for the vectors, it follows that the functions occurring in the systems of equations at corresponding places must agree, with the exception of a factor $\psi(v)$, which is common for all functions of the one system of equations, and is independent of ξ, η, ζ and τ but depends upon v. Thus we have the relations

$$
\begin{aligned}
\mathrm{X}' &= \psi(v)\mathrm{X}, & \mathrm{L}' &= \psi(v)\mathrm{L}, \\
\mathrm{Y}' &= \psi(v)\beta\left(\mathrm{Y} - \tfrac{v}{c}\mathrm{N}\right), & \mathrm{M}' &= \psi(v)\beta\left(\mathrm{M} + \tfrac{v}{c}\mathrm{Z}\right), \\
\mathrm{Z}' &= \psi(v)\beta\left(\mathrm{Z} + \tfrac{v}{c}\mathrm{M}\right), & \mathrm{N}' &= \psi(v)\beta\left(\mathrm{N} - \tfrac{v}{c}\mathrm{Y}\right).
\end{aligned}
$$

If we now form the reciprocal of this system of equations, firstly by solving the equations just obtained, and secondly by applying the equations to the inverse transformation (from k to K), which is characterized by the velocity $-v$, it follows, when we consider that the two systems of equations thus obtained must be identical, that $\psi(v)\psi(-v) = 1$. Further, from reasons of symmetry[8] and therefore

$$
\psi(v) = 1,
$$

and our equations assume the form

$$
\begin{aligned}
\mathrm{X}' &= \mathrm{X}, & \mathrm{L}' &= \mathrm{L}, \\
\mathrm{Y}' &= \beta\left(\mathrm{Y} - \tfrac{v}{c}\mathrm{N}\right), & \mathrm{M}' &= \beta\left(\mathrm{M} + \tfrac{v}{c}\mathrm{Z}\right), \\
\mathrm{Z}' &= \beta\left(\mathrm{Z} + \tfrac{v}{c}\mathrm{M}\right), & \mathrm{N}' &= \beta\left(\mathrm{N} - \tfrac{v}{c}\mathrm{Y}\right).
\end{aligned}
$$

As to the interpretation of these equations we make the following remarks: Let a point charge of electricity have the magnitude "one" when measured in the stationary system K, i.e. let it when at rest in the stationary system exert a force of one dyne upon an equal quantity of electricity at a distance of one cm. By the principle of relativity this electric charge is also of the magnitude "one" when measured in the moving system. If this quantity of electricity is at rest relatively to the stationary system, then by definition the vector (X, Y, Z) is equal to the force acting upon it. If the quantity of electricity is at rest relatively to the moving system (at least at the relevant instant), then the force acting upon it, measured in the moving system, is equal to the vector (X', Y', Z'). Consequently the first three equations above allow themselves to be clothed in words in the two following ways:—

1. If a unit electric point charge is in motion in an electromagnetic field, there acts upon it, in addition to the electric force, an "electromotive force" which, if we neglect the terms multiplied by the second and higher powers of v/c, is equal to the vector-product of the velocity of the charge and the magnetic force, divided by the velocity of light. (Old manner of expression.)

---

[8] If, for example, X=Y=Z=L=M=0, and N $\neq$ 0, then from reasons of symmetry it is clear that when v changes sign without changing its numerical value, Y' must also change sign without changing its numerical value.

2. If a unit electric point charge is in motion in an electromagnetic field, the force acting upon it is equal to the electric force which is present at the locality of the charge, and which we ascertain by transformation of the field to a system of co-ordinates at rest relatively to the electrical charge. (New manner of expression.)

The analogy holds with "magnetomotive forces." We see that electromotive force plays in the developed theory merely the part of an auxiliary concept, which owes its introduction to the circumstance that electric and magnetic forces do not exist independently of the state of motion of the system of co-ordinates.

Furthermore it is clear that the asymmetry mentioned in the introduction as arising when we consider the currents produced by the relative motion of a magnet and a conductor, now disappears. Moreover, questions as to the "seat" of electrodynamic electromotive forces (unipolar machines) now have no point.

§ 7. Theory of Doppler's Principle and of Aberration

In the system K, very far from the origin of co-ordinates, let there be a source of electrodynamic waves, which in a part of space containing the origin of co-ordinates may be represented to a sufficient degree of approximation by the equations

$$X = X_0 \sin \Phi, \quad L = L_0 \sin \Phi,$$
$$Y = Y_0 \sin \Phi, \quad M = M_0 \sin \Phi,$$
$$Z = Z_0 \sin \Phi, \quad N = N_0 \sin \Phi,$$

where

$$\Phi = \omega \left\{ t - \frac{1}{c}(lx + my + nz) \right\}.$$

Here (X_0, Y_0, Z_0) and (L_0, M_0, N_0) are the vectors defining the amplitude of the wave-train, and l, m, n the direction-cosines of the wave-normals. We wish to know the constitution of these waves, when they are examined by an observer at rest in the moving system k.

Applying the equations of transformation found in § 6 for electric and magnetic forces, and those found in § 3 for the co-ordinates and the time, we obtain directly

$$X' = X_0 \sin \Phi', \qquad L' = L_0 \sin \Phi',$$
$$Y' = \beta(Y_0 - vN_0/c) \sin \Phi', \quad M' = \beta(M_0 + vZ_0/c) \sin \Phi',$$
$$Z' = \beta(Z_0 + vM_0/c) \sin \Phi', \quad N' = \beta(N_0 - vY_0/c) \sin \Phi',$$
$$\Phi' = \omega' \left\{ \tau - \frac{1}{c}(l'\xi + m'\eta + n'\zeta) \right\}$$

where

$$\omega' = \omega\beta(1 - lv/c),$$

$$l' = \frac{l - v/c}{1 - lv/c},$$

$$m' = \frac{m}{\beta(1 - lv/c)},$$

$$n' = \frac{n}{\beta(1 - lv/c)}.$$

From the equation for ω' it follows that if an observer is moving with velocity v relatively to an infinitely distant source of light of frequency ν, in such a way that the connecting line "source-observer" makes the angle ϕ with the velocity of the observer referred to a system of co-ordinates which is at rest relatively to the source of light, the frequency ν' of the light perceived by the observer is given by the equation

$$\nu' = \nu \frac{1 - \cos\phi \cdot v/c}{\sqrt{1 - v^2/c^2}}.$$

This is Doppler's principle for any velocities whatever. When $\phi = 0$ the equation assumes the perspicuous form

$$\nu' = \nu \sqrt{\frac{1 - v/c}{1 + v/c}}.$$

We see that, in contrast with the customary view, when $v = -c, \nu' = \infty$.

If we call the angle between the wave-normal (direction of the ray) in the moving system and the connecting line "source-observer" ϕ', the equation for $\phi'^{\dagger}$ assumes the form

$$\cos\phi' = \frac{\cos\phi - v/c}{1 - \cos\phi \cdot v/c}.$$

This equation expresses the law of aberration in its most general form. If $\phi = \frac{1}{2}\pi$, the equation becomes simply

$$\cos\phi' = -v/c.$$

We still have to find the amplitude of the waves, as it appears in the moving system. If we call the amplitude of the electric or magnetic force A or A' respectively, accordingly as it is measured in the stationary system or in the moving system, we obtain

$$A'^2 = A^2 \frac{(1 - \cos\phi \cdot v/c)^2}{1 - v^2/c^2}$$

which equation, if $\phi = 0$, simplifies into

$\dagger$ Editor's note: Erroneously given as "l'" in the 1923 English translation, propagating an error, despite a change in symbols, from the original 1905 paper.

$$A'^2 = A^2 \frac{1 - v/c}{1 + v/c}.$$

It follows from these results that to an observer approaching a source of light with the velocity c, this source of light must appear of infinite intensity.

§ 8. Transformation of the Energy of Light Rays. Theory of the Pressure of Radiation Exerted on Perfect Reflectors

Since $A^2/8\pi$ equals the energy of light per unit of volume, we have to regard $A'^2/8\pi$, by the principle of relativity, as the energy of light in the moving system. Thus A'^2/A^2 would be the ratio of the "measured in motion" to the "measured at rest" energy of a given light complex, if the volume of a light complex were the same, whether measured in K or in k. But this is not the case. If l, m, n are the direction-cosines of the wave-normals of the light in the stationary system, no energy passes through the surface elements of a spherical surface moving with the velocity of light:—

$$(x - lct)^2 + (y - mct)^2 + (z - nct)^2 = R^2.$$

We may therefore say that this surface permanently encloses the same light complex. We inquire as to the quantity of energy enclosed by this surface, viewed in system k, that is, as to the energy of the light complex relatively to the system k.

The spherical surface—viewed in the moving system—is an ellipsoidal surface, the equation for which, at the time $\tau = 0$, is

$$(\beta\xi - l\beta\xi v/c)^2 + (\eta - m\beta\xi v/c)^2 + (\zeta - n\beta\xi v/c)^2 = R^2.$$

If S is the volume of the sphere, and S' that of this ellipsoid, then by a simple calculation

$$\frac{S'}{S} = \frac{\sqrt{1 - v^2/c^2}}{1 - \cos\phi \cdot v/c}.$$

Thus, if we call the light energy enclosed by this surface E when it is measured in the stationary system, and E' when measured in the moving system, we obtain

$$\frac{E'}{E} = \frac{A'^2 S'}{A^2 S} = \frac{1 - \cos\phi \cdot v/c}{\sqrt{1 - v^2/c^2}},$$

and this formula, when $\phi = 0$, simplifies into

$$\frac{E'}{E} = \sqrt{\frac{1 - v/c}{1 + v/c}}.$$

It is remarkable that the energy and the frequency of a light complex vary with the state of motion of the observer in accordance with the same law.

Now let the co-ordinate plane $\xi = 0$ be a perfectly reflecting surface, at which the plane waves considered in § 7 are reflected. We seek for the pressure of light exerted on the reflecting surface, and for the direction, frequency, and intensity of the light after reflexion.

Let the incidental light be defined by the quantities A, $\cos\phi$, ν (referred to system K). Viewed from k the corresponding quantities are

$$A' = A\frac{1 - \cos\phi \cdot v/c}{\sqrt{1 - v^2/c^2}},$$

$$\cos\phi' = \frac{\cos\phi - v/c}{1 - \cos\phi \cdot v/c},$$

$$\nu' = \nu\frac{1 - \cos\phi \cdot v/c}{\sqrt{1 - v^2/c^2}}.$$

For the reflected light, referring the process to system k, we obtain

$$A'' = A'$$

$$\cos\phi'' = -\cos\phi'$$

$$\nu'' = \nu'$$

Finally, by transforming back to the stationary system K, we obtain for the reflected light

$$A''' = A''\frac{1 + \cos\phi'' \cdot v/c}{\sqrt{1 - v^2/c^2}} = A\frac{1 - 2\cos\phi \cdot v/c + v^2/c^2}{1 - v^2/c^2},$$

$$\cos\phi''' = \frac{\cos\phi'' + v/c}{1 + \cos\phi'' \cdot v/c} = -\frac{(1 + v^2/c^2)\cos\phi - 2v/c}{1 - 2\cos\phi \cdot v/c + v^2/c^2},$$

$$\nu''' = \nu''\frac{1 + \cos\phi'' \cdot v/c}{\sqrt{1 - v^2/c^2}} = \nu\frac{1 - 2\cos\phi \cdot v/c + v^2/c^2}{1 - v^2/c^2}.$$

The energy (measured in the stationary system) which is incident upon unit area of the mirror in unit time is evidently $A^2(c\cos\phi - v)/8\pi$. The energy leaving the unit of surface of the mirror in the unit of time is $A'''^2(-c\cos\phi''' + v)/8\pi$. The difference of these two expressions is, by the principle of energy, the work done by the pressure of light in the unit of time. If we set down this work as equal to the product Pv, where P is the pressure of light, we obtain

$$P = 2 \cdot \frac{A^2}{8\pi}\frac{(\cos\phi - v/c)^2}{1 - v^2/c^2}.$$

In agreement with experiment and with other theories, we obtain to a first approximation

$$P = 2 \cdot \frac{A^2}{8\pi} \cos^2 \phi.$$

All problems in the optics of moving bodies can be solved by the method here employed. What is essential is, that the electric and magnetic force of the light which is influenced by a moving body, be transformed into a system of co-ordinates at rest relatively to the body. By this means all problems in the optics of moving bodies will be reduced to a series of problems in the optics of stationary bodies.

§ 9. Transformation of the Maxwell-Hertz Equations when Convection-Currents are Taken into Account

We start from the equations

$$\frac{1}{c}\left\{\frac{\partial X}{\partial t} + u_x\rho\right\} = \frac{\partial N}{\partial y} - \frac{\partial M}{\partial z}, \quad \frac{1}{c}\frac{\partial L}{\partial t} = \frac{\partial Y}{\partial z} - \frac{\partial Z}{\partial y},$$

$$\frac{1}{c}\left\{\frac{\partial Y}{\partial t} + u_y\rho\right\} = \frac{\partial L}{\partial z} - \frac{\partial N}{\partial x}, \quad \frac{1}{c}\frac{\partial M}{\partial t} = \frac{\partial Z}{\partial x} - \frac{\partial X}{\partial z},$$

$$\frac{1}{c}\left\{\frac{\partial Z}{\partial t} + u_z\rho\right\} = \frac{\partial M}{\partial x} - \frac{\partial L}{\partial y}, \quad \frac{1}{c}\frac{\partial N}{\partial t} = \frac{\partial X}{\partial y} - \frac{\partial Y}{\partial x},$$

where

$$\rho = \frac{\partial X}{\partial x} + \frac{\partial Y}{\partial y} + \frac{\partial Z}{\partial z}$$

denotes 4π times the density of electricity, and (u_x, u_y, u_z) the velocity-vector of the charge. If we imagine the electric charges to be invariably coupled to small rigid bodies (ions, electrons), these equations are the electromagnetic basis of the Lorentzian electrodynamics and optics of moving bodies.

Let these equations be valid in the system K, and transform them, with the assistance of the equations of transformation given in §§ 3 and 6, to the system k. We then obtain the equations

$$\frac{1}{c}\left\{\frac{\partial X'}{\partial \tau} + u_\xi\rho'\right\} = \frac{\partial N'}{\partial \eta} - \frac{\partial M'}{\partial \zeta}, \quad \frac{1}{c}\frac{\partial L'}{\partial \tau} = \frac{\partial Y'}{\partial \zeta} - \frac{\partial Z'}{\partial \eta},$$

$$\frac{1}{c}\left\{\frac{\partial Y'}{\partial \tau} + u_\eta\rho'\right\} = \frac{\partial L'}{\partial \zeta} - \frac{\partial N'}{\partial \xi}, \quad \frac{1}{c}\frac{\partial M'}{\partial \tau} = \frac{\partial Z'}{\partial \xi} - \frac{\partial X'}{\partial \zeta},$$

$$\frac{1}{c}\left\{\frac{\partial Z'}{\partial \tau} + u_\zeta\rho'\right\} = \frac{\partial M'}{\partial \xi} - \frac{\partial L'}{\partial \eta}, \quad \frac{1}{c}\frac{\partial N'}{\partial \tau} = \frac{\partial X'}{\partial \eta} - \frac{\partial Y'}{\partial \xi},$$

where

$$u_\xi = \frac{u_x - v}{1 - u_x v/c^2}$$

$$u_\eta = \frac{u_y}{\beta(1 - u_x v/c^2)}$$

$$u_\zeta = \frac{u_z}{\beta(1 - u_x v/c^2)},$$

and

$$\rho' = \frac{\partial X'}{\partial \xi} + \frac{\partial Y'}{\partial \eta} + \frac{\partial Z'}{\partial \zeta}$$

$$= \beta(1 - u_x v/c^2)\rho.$$

Since—as follows from the theorem of addition of velocities (§ 5)—the vector (u_ξ, u_η, u_ζ) is nothing else than the velocity of the electric charge, measured in the system k, we have the proof that, on the basis of our kinematical principles, the electrodynamic foundation of Lorentz's theory of the electrodynamics of moving bodies is in agreement with the principle of relativity.

In addition I may briefly remark that the following important law may easily be deduced from the developed equations: If an electrically charged body is in motion anywhere in space without altering its charge when regarded from a system of co-ordinates moving with the body, its charge also remains—when regarded from the "stationary" system K—constant.

§ 10. Dynamics of the Slowly Accelerated Electron

Let there be in motion in an electromagnetic field an electrically charged particle (in the sequel called an "electron"), for the law of motion of which we assume as follows:—

If the electron is at rest at a given epoch, the motion of the electron ensues in the next instant of time according to the equations

$$m\frac{d^2x}{dt^2} = \epsilon X$$

$$m\frac{d^2y}{dt^2} = \epsilon Y$$

$$m\frac{d^2z}{dt^2} = \epsilon Z$$

where x, y, z denote the co-ordinates of the electron, and m the mass of the electron, as long as its motion is slow.

Now, secondly, let the velocity of the electron at a given epoch be v. We seek the law of motion of the electron in the immediately ensuing instants of time.

Without affecting the general character of our considerations, we may and will assume that the electron, at the moment when we give it our attention, is at the origin of the co-ordinates, and moves with the velocity v along the axis of X of the system K. It is then clear that at the given moment ($t = 0$) the electron is at rest relatively to a system of co-ordinates which is in parallel motion with velocity v along the axis of X.

From the above assumption, in combination with the principle of relativity, it is clear that in the immediately ensuing time (for small values of t) the electron, viewed from the system k, moves in accordance with the equations

$$m\frac{d^2\xi}{d\tau^2} = \epsilon X',$$

$$m\frac{d^2\eta}{d\tau^2} = \epsilon Y',$$

$$m\frac{d^2\zeta}{d\tau^2} = \epsilon Z',$$

in which the symbols ξ, η, ζ, X', Y', Z' refer to the system k. If, further, we decide that when $t = x = y = z = 0$ then $\tau = \xi = \eta = \zeta = 0$, the transformation equations of §§ 3 and 6 hold good, so that we have

$$\xi = \beta(x - vt), \eta = y, \zeta = z, \tau = \beta(t - vx/c^2),$$
$$X' = X, Y' = \beta(Y - vN/c), Z' = \beta(Z + vM/c).$$

With the help of these equations we transform the above equations of motion from system k to system K, and obtain

$$\left. \begin{array}{rcl} \frac{d^2x}{dt^2} &=& \frac{\epsilon}{m\beta^3}X \\ \frac{d^2y}{dt^2} &=& \frac{\epsilon}{m\beta}\left(Y - \frac{v}{c}N\right) \\ \frac{d^2z}{dt^2} &=& \frac{\epsilon}{m\beta}\left(Z + \frac{v}{c}M\right) \end{array} \right\} \qquad \cdot \qquad \cdot \qquad \cdot \qquad (A)$$

Taking the ordinary point of view we now inquire as to the "longitudinal" and the "transverse" mass of the moving electron. We write the equations (A) in the form

$$m\beta^3\frac{d^2x}{dt^2} = \epsilon X = \epsilon X',$$
$$m\beta^2\frac{d^2y}{dt^2} = \epsilon\beta\left(Y - \frac{v}{c}N\right) = \epsilon Y',$$
$$m\beta^2\frac{d^2z}{dt^2} = \epsilon\beta\left(Z + \frac{v}{c}M\right) = \epsilon Z',$$

and remark firstly that $\epsilon X'$, $\epsilon Y'$, $\epsilon Z'$ are the components of the ponderomotive force acting upon the electron, and are so indeed as viewed in a system moving at the moment with the electron, with the same velocity as the electron. (This force might be measured, for example, by a spring balance at rest in the last-mentioned system.) Now if we call this force simply "the force acting upon the electron,"[9] and maintain the equation—mass × acceleration = force—and if we also decide that the accelerations are to be measured in the stationary system K, we derive from the above equations

$$\text{Longitudinal mass} \quad = \quad \frac{m}{(\sqrt{1 - v^2/c^2})^3}.$$

$$\text{Transverse mass} \quad = \quad \frac{m}{1 - v^2/c^2}.$$

With a different definition of force and acceleration we should naturally obtain other values for the masses. This shows us that in comparing different theories of the motion of the electron we must proceed very cautiously.

We remark that these results as to the mass are also valid for ponderable material points, because a ponderable material point can be made into an electron (in our sense of the word) by the addition of an electric charge, *no matter how small.*

We will now determine the kinetic energy of the electron. If an electron moves from rest at the origin of co-ordinates of the system K along the axis of X under the action of an electrostatic force X, it is clear that the energy withdrawn from the electrostatic field has the value $\int \epsilon X\, dx$. As the electron is to be slowly accelerated, and consequently may not give off any energy in the form of radiation, the energy withdrawn from the electrostatic field must be put down as equal to the energy of motion W of the electron. Bearing in mind that during the whole process of motion which we are considering, the first of the equations (A) applies, we therefore obtain

$$\begin{aligned}
W \quad &= \quad \int \epsilon X\, dx = m \int_0^v \beta^3 v\, dv \\
&= \quad mc^2 \left\{ \frac{1}{\sqrt{1 - v^2/c^2}} - 1 \right\}.
\end{aligned}$$

Thus, when $v = c$, W becomes infinite. Velocities greater than that of light have—as in our previous results—no possibility of existence.

This expression for the kinetic energy must also, by virtue of the argument stated above, apply to ponderable masses as well.

We will now enumerate the properties of the motion of the electron which result from the system of equations (A), and are accessible to experiment.

1. From the second equation of the system (A) it follows that an electric force Y and a magnetic force N have an equally strong deflective action on an electron moving with the velocity v, when $Y = Nv/c$. Thus we see that it is possible by our theory to determine the velocity of the electron from the ratio

<hr>

[9]The definition of force here given is not advantageous, as was first shown by M. Planck. It is more to the point to define force in such a way that the laws of momentum and energy assume the simplest form.

of the magnetic power of deflexion A_m to the electric power of deflexion A_e, for any velocity, by applying the law

$$\frac{A_m}{A_e} = \frac{v}{c}.$$

This relationship may be tested experimentally, since the velocity of the electron can be directly measured, e.g. by means of rapidly oscillating electric and magnetic fields.

2. From the deduction for the kinetic energy of the electron it follows that between the potential difference, P, traversed and the acquired velocity v of the electron there must be the relationship

$$P = \int X dx = \frac{m}{\epsilon} c^2 \left\{ \frac{1}{\sqrt{1 - v^2/c^2}} - 1 \right\}.$$

3. We calculate the radius of curvature of the path of the electron when a magnetic force N is present (as the only deflective force), acting perpendicularly to the velocity of the electron. From the second of the equations (A) we obtain

$$-\frac{d^2 y}{dt^2} = \frac{v^2}{R} = \frac{\epsilon}{m} \frac{v}{c} N \sqrt{1 - \frac{v^2}{c^2}}$$

or

$$R = \frac{mc^2}{\epsilon} \cdot \frac{v/c}{\sqrt{1 - v^2/c^2}} \cdot \frac{1}{N}.$$

These three relationships are a complete expression for the laws according to which, by the theory here advanced, the electron must move.

In conclusion I wish to say that in working at the problem here dealt with I have had the loyal assistance of my friend and colleague M. Besso, and that I am indebted to him for several valuable suggestions.

세상에서 가장 쉬운 과학 수업 특수상대성이론

This edition of Einstein's *On the Electrodynamics of Moving Bodies* is based on the English translation of his original 1905 German-language paper (published as *Zur Elektrodynamik bewegter Körper*, in *Annalen der Physik*. **17**:891, 1905) which appeared in the book *The Principle of Relativity*, published in 1923 by Methuen and Company, Ltd. of London. Most of the papers in that collection are English translations from the German *Das Relativatsprinzip*, 4th ed., published by in 1922 by Tuebner. All of these sources are now in the public domain; this document, derived from them, remains in the public domain and may be reproduced in any manner or medium without permission, restriction, attribution, or compensation.

Numbered footnotes are as they appeared in the 1923 edition; editor's notes are marked by a dagger (†) and appear in sans serif type. The 1923 English translation modified the notation used in Einstein's 1905 paper to conform to that in use by the 1920's; for example, *c* denotes the speed of light, as opposed the V used by Einstein in 1905.

This edition was prepared by John Walker. The current version of this document is available in a variety of formats from the editor's Web site:

$$\text{http://www.fourmilab.ch/}$$

논문 웹페이지

위대한 논문과의 만남을 마무리하며

이 책은 아인슈타인의 특수상대성이론 최초의 논문(1905년)에 초점을 맞추었습니다. 시계를 1905년 논문이 완성된 시점에 맞추어 아인슈타인이 이 논문을 쓰기 위해 공부했던 물리학(뉴턴 물리학과 맥스웰 방정식 등)에 대한 역사적인 이야기를 먼저 시작했습니다. 그리고 아인슈타인이 이 논문을 통해 세상 사람들에게 알려주고자 했던 이야기를 논문에 대한 해설과 함께 다루었습니다. 이 논문이 나온 이후의 이야기들-미래로 가는 타임머신, 원자폭탄, GPS, 핵융합-은 이 책에서 다루지 않았습니다. 그것은 아인슈타인이 한 일이 아니므로 위대한 아인슈타인과 그의 명작에 대한 불경스러운 행동으로 보일 수 있다는 생각에서였습니다. 이 책은 아인슈타인의 논문을 있는 그대로 독자들에게 해설해 주는 것이 목적이었고 그에 최대한 충실하려고 노력했습니다.

이 책을 쓰기 위해 19세기의 여러 논문들을 뒤적거렸습니다. 지금과는 완연히 다른 용어와 기호들 때문에 많이 힘들었습니다. 특히 번역이 안 되어 있는 자료들이 많았지만 프랑스 논문에 대해서는 불문과를 졸업한 아내의 도움으로 조금은 이해할 수 있었습니다. 아인슈타인은 이 논문을 쓰기 전까지 많은 책들을 공부했습니다. 당시 그가 공부했던 책들-예를 들면 갈릴레이의 《새로운 두 과학》, 뉴턴의

《프린키피아》, 마흐의 《역학의 발달》, 맥스웰의 《전자기학》 등—은 만일 지금도 제대로 된 해설서가 나온다면 물리를 사랑하는 많은 사람들에게 도움을 줄 거라는 생각을 다시 한번 가지게 되었습니다.

이 책을 끝내자마자 노벨 물리학상과 노벨 화학상을 받은 마리 퀴리의 논문을 공부하며 시리즈를 계속 이어나갈 생각을 하니 즐거움에 벅차오릅니다. 제가 느끼는 이 즐거움을 독자들이 공유할 수 있기를 바라며 이제 힘들었지만 재미있었던 아인슈타인 논문과의 씨름을 여기서 멈추려고 합니다.

끝으로 용기를 내서 이 책의 출간을 결정해 준 성림원북스의 이성림 사장과 직원들에게 감사를 드립니다. 이 책의 초안이 나왔을 때, 수식이 많아 출판사들이 출간을 꺼릴 것 같다는 생각이 들었습니다. 몇 군데에 의뢰한 후 거절당하면 블로그에 올릴 생각으로 글을 써 내려갔습니다. 놀랍게도 첫 번째로 이 원고의 이야기를 나눈 성림원북스에서 출간을 결정해 주어서 이 책이 세상에 나올 수 있게 되었습니다. 이 책을 쓰는 데 필요한 프랑스 논문의 번역을 도와준 아내에게도 감사를 드립니다. 그리고 이 책을 쓸 수 있도록 멋진 논문을 만든 고 아인슈타인 박사님에게도 감사를 드립니다.

진주에서 정완상 교수

이 책을 위해 참고한 논문들

1장

[1] G. Galilei, Discorsi e dimostrazioni matematiche intorno a due nuove scienze, 1638.

[2] I. Newton, Philosophiæ Naturalis Principia Mathematica, 1687.

[3] R. Descartes, Principia Philosophiae, 1644.

2장

[1] G. F. FitzGerald, "The Ether and the Earth's Atmosphere", Science. 13; 390, 1889.

[2] H. Lorentz, Versuch einer Theorie der electrischen und optischen Erscheinungen in bewegten Körpern, Leiden, 1895.

[3] E. Mach, Die Mechanik in ihrer Entwickelung (The Science of Mechanics), 1883.

[4] A. Einstein, "Zur Elektrodynamik bewegter Körper" (On the Electrodynamics of Moving Bodies), Annalen der Physik. 322; 891, 1905.

3장

[1] A. Einstein, "Zur Elektrodynamik bewegter Körper" (On the Electrodynamics of Moving Bodies), Annalen der Physik. 322; 891, 1905.

4장

[1] C. Coulomb, "Recherches théoriques et expérimentales sur la force de torsion et sur l'élasticité des fils de metal", Histoire de l'Académie Royale des Sciences. 229, 1784.

[2] L. Galvani, De viribus electricitatis in motu musculari commentarius(in Latin), The Institute of Sciences: Bologna, 1791.

[3] A. Volta, "On the Electricity Excited by the Mere Contact of Conducting Substances of Different Kinds", Philosophical Transactions of the Royal Society of London. 90; 403, 1800.

[4] G. Ohm, Die galvanische Kette: mathematisch bearbeitet(in German), Berlin: T. H. Riemann, 1827.

5장

[1] A. M. Ampère, "Recueil d'observations électro-dynamiques: contenant divers mémoires, notices, extraits de lettres ou d'ouvrages périodiques sur les sciences, relatifs a l'action

mutuelle de deux courans électriques, à celle qui existe entre un courant électrique et un aimant ou le globe terrestre, et à celle de deux aimans l'un sur l'autre", Chez Crochard, 1822.

[2] A. M. Ampère, "Exposé des nouvelles découvertes sur l'électricité et le magnétisme", Chez Méquignon–Marvis, 1822.

[3] J. Maxwell, "On Faraday's lines of force", Transaction of the Cambridge Philosophical society. 10, 1855.

[4] J. Maxwell, A treatise on electricity and magnetism, Oxford Press, 1873.

6장

[1] A. Einstein, "Zur Elektrodynamik bewegter Körper" (On the Electrodynamics of Moving Bodies), Annalen der Physik. 322; 891, 1905.

292   세상에서 가장 쉬운 과학 수업 **특수상대성이론**

수식에 사용하는 그리스 문자

대문자	소문자	읽기	대문자	소문자	읽기
A	α	알파(alpha)	N	ν	뉴(nu)
B	β	베타(beta)	Ξ	ξ	크시(xi)
Γ	γ	감마(gamma)	O	o	오미크론(omicron)
Δ	δ	델타(delta)	Π	π	파이(pi)
E	ε	엡실론(epsilon)	P	ρ	로(rho)
Z	ζ	제타(zeta)	Σ	σ	시그마(sigma)
H	η	에타(eta)	T	τ	타우(tau)
Θ	θ	세타(theta)	Y	υ	입실론(upsilon)
I	ι	요타(iota)	Φ	φ	피(phi)
K	χ	카파(kappa)	X	χ	키(chi)
Λ	λ	람다(lambda)	Ψ	ψ	프시(psi)
M	μ	뮤(mu)	Ω	ω	오메가(omega)

노벨 물리학상 수상자들을 소개합니다

이 책에 언급된 노벨상 수상자는 이름 앞에 ★로 표시하였습니다.

연도	수상자	수상 이유
1901	빌헬름 콘라트 뢴트겐	그의 이름을 딴 놀라운 광선의 발견으로 그가 제공한 특별한 공헌을 인정하여
1902	★헨드릭 안톤 로런츠 피터르 제이만	복사 현상에 대한 자기의 영향에 대한 연구를 통해 그들이 제공한 탁월한 공헌을 인정하여
1903	앙투안 앙리 베크렐	자발 방사능 발견으로 그가 제공한 탁월한 공로를 인정하여
1903	피에르 퀴리 마리 퀴리	앙리 베크렐 교수가 발견한 방사선 현상에 대한 공동 연구를 통해 그들이 제공한 탁월한 공헌을 인정하여
1904	존 윌리엄 스트럿 레일리	가장 중요한 기체의 밀도에 대한 조사와 이러한 연구와 관련하여 아르곤을 발견한 공로
1905	필리프 레나르트	음극선에 대한 연구
1906	조지프 존 톰슨	기체에 의한 전기 전도에 대한 이론적이고 실험적인 연구의 큰 장점을 인정하여
1907	★앨버트 에이브러햄 마이컬슨	광학 정밀 기기와 그 도움으로 수행된 분광 및 도량형 조사
1908	가브리엘 리프만	간섭 현상을 기반으로 사진적으로 색상을 재현하는 방법
1909	굴리엘모 마르코니 카를 페르디난트 브라운	무선 전신 발전에 기여한 공로를 인정받아
1910	요하네스 디데릭 판데르발스	기체와 액체의 상태 방정식에 관한 연구
1911	빌헬름 빈	열복사 법칙에 관한 발견
1912	닐스 구스타프 달렌	등대와 부표를 밝히기 위해 가스 어큐뮬레이터와 함께 사용하기 위한 자동 조절기 발명

1913	헤이커 카메를링 오너스	특히 액체 헬륨 생산으로 이어진 저온에서의 물질 특성에 대한 연구
1914	막스 폰 라우에	결정에 의한 X선 회절 발견
1915	윌리엄 헨리 브래그	X선을 이용한 결정 구조 분석에 기여한 공로
	윌리엄 로런스 브래그	
1916	수상자 없음	
1917	찰스 글러버 바클라	원소의 특징적인 뢴트겐 복사 발견
1918	막스 플랑크	에너지 양자 발견으로 물리학 발전에 기여한 공로 인정
1919	요하네스 슈타르크	커낼선의 도플러 효과와 전기장에서 분광선의 분할 발견
1920	샤를 에두아르 기욤	니켈강 합금의 이상 현상을 발견하여 물리학의 정밀 측정에 기여한 공로를 인정하여
1921	★알베르트 아인슈타인	이론 물리학에 대한 공로, 특히 광전효과 법칙 발견
1922	닐스 보어	원자 구조와 원자에서 방출되는 방사선 연구에 기여
1923	로버트 앤드루스 밀리컨	전기의 기본 전하와 광전효과에 관한 연구
1924	칼 만네 예오리 시그반	X선 분광학 분야에서의 발견과 연구
1925	제임스 프랑크	전자가 원자에 미치는 영향을 지배하는 법칙 발견
	구스타프 헤르츠	
1926	장 바티스트 페랭	물질의 불연속 구조에 관한 연구, 특히 침전 평형 발견
1927	아서 콤프턴	그의 이름을 딴 효과 발견
	찰스 톰슨 리스 윌슨	수증기 응축을 통해 전하를 띤 입자의 경로를 볼 수 있게 만든 방법
1928	오언 윌런스 리처드슨	열전자 현상에 관한 연구, 특히 그의 이름을 딴 법칙 발견
1929	루이 드브로이	전자의 파동성 발견
1930	찬드라세카라 벵카타 라만	빛의 산란에 관한 연구와 그의 이름을 딴 효과 발견
1931	수상자 없음	

1932	베르너 하이젠베르크	수소의 동소체 형태 발견으로 이어진 양자역학의 창시
1933	에르빈 슈뢰딩거	원자 이론의 새로운 생산적 형태 발견
	폴 디랙	
1934	수상자 없음	
1935	제임스 채드윅	중성자 발견
1936	빅토르 프란츠 헤스	우주 방사선 발견
	칼 데이비드 앤더슨	양전자 발견
1937	클린턴 조지프 데이비슨	결정에 의한 전자의 회절에 대한 실험적 발견
	조지 패짓 톰슨	
1938	엔리코 페르미	중성자 조사에 의해 생성된 새로운 방사성 원소의 존재에 대한 시연 및 이와 관련된 느린중성자에 의한 핵반응 발견
1939	어니스트 로런스	사이클로트론의 발명과 개발, 특히 인공 방사성 원소와 관련하여 얻은 결과
1940	수상자 없음	
1941		
1942		
1943	오토 슈테른	분자선 방법 개발 및 양성자의 자기 모멘트 발견에 기여
1944	이지도어 아이작 라비	원자핵의 자기적 특성을 기록하기 위한 공명 방법
1945	볼프강 파울리	파울리 원리라고도 불리는 배제 원리의 발견
1946	퍼시 윌리엄스 브리지먼	초고압을 발생시키는 장치의 발명과 고압 물리학 분야에서 그가 이룬 발견에 대해
1947	에드워드 빅터 애플턴	대기권 상층부의 물리학 연구, 특히 이른바 애플턴층의 발견
1948	패트릭 메이너드 스튜어트 블래킷	윌슨 구름상자 방법의 개발과 핵물리학 및 우주 방사선 분야에서의 발견
1949	유카와 히데키	핵력에 관한 이론적 연구를 바탕으로 중간자 존재 예측

세상에서 가장 쉬운 과학 수업 **특수상대성이론**

1950	세실 프랭크 파월	핵 과정을 연구하는 사진 방법의 개발과 이 방법으로 만들어진 중간자에 관한 발견
1951	존 더글러스 콕크로프트	인위적으로 가속된 원자 입자에 의한 원자핵 변환에 대한 선구자적 연구
	어니스트 토머스 신턴 월턴	
1952	펠릭스 블로흐	핵자기 정밀 측정을 위한 새로운 방법 개발 및 이와 관련된 발견
	에드워드 밀스 퍼셀	
1953	프리츠 제르니커	위상차 방법 시연, 특히 위상차 현미경 발명
1954	막스 보른	양자역학의 기초 연구, 특히 파동함수의 통계적 해석
	발터 보테	우연의 일치 방법과 그 방법으로 이루어진 그의 발견
1955	윌리스 유진 램	수소 스펙트럼의 미세 구조에 관한 발견
	폴리카프 쿠시	전자의 자기 모멘트를 정밀하게 측정한 공로
1956	윌리엄 브래드퍼드 쇼클리	반도체 연구 및 트랜지스터 효과 발견
	존 바딘	
	월터 하우저 브래튼	
1957	양전닝	소립자에 관한 중요한 발견으로 이어진 소위 패리티 법칙에 대한 철저한 조사
	리정다오	
1958	파벨 알렉세예비치 체렌코프	체렌코프 효과의 발견과 해석
	일리야 프란크	
	이고리 탐	
1959	에밀리오 지노 세그레	반양성자 발견
	오언 체임벌린	
1960	도널드 아서 글레이저	거품 상자의 발명
1961	로버트 호프스태터	원자핵의 전자 산란에 대한 선구적인 연구와 핵자 구조에 관한 발견
	루돌프 뫼스바워	감마선의 공명 흡수에 관한 연구와 그의 이름을 딴 효과에 대한 발견

1962	레프 다비도비치 란다우	응집 물질, 특히 액체 헬륨에 대한 선구적인 이론
1963	유진 폴 위그너	원자핵 및 소립자 이론에 대한 공헌, 특히 기본 대칭 원리의 발견 및 적용을 통한 공로
	마리아 괴페르트 메이어	핵 껍질 구조에 관한 발견
	한스 옌젠	
1964	니콜라이 바소프	메이저-레이저 원리에 기반한 발진기 및 증폭기의 구성으로 이어진 양자 전자 분야의 기초 작업
	알렉산드르 프로호로프	
	찰스 하드 타운스	
1965	도모나가 신이치로	소립자의 물리학에 심층적인 결과를 가져온 양자전기역학의 근본적인 연구
	줄리언 슈윙거	
	리처드 필립스 파인먼	
1966	알프레드 카스틀레르	원자에서 헤르츠 공명을 연구하기 위한 광학적 방법의 발견 및 개발
1967	한스 알브레히트 베테	핵반응 이론, 특히 별의 에너지 생산에 관한 발견에 기여
1968	루이스 월터 앨버레즈	소립자 물리학에 대한 결정적인 공헌, 특히 수소 기포 챔버 사용 기술 개발과 데이터 분석을 통해 가능해진 다수의 공명 상태 발견
1969	머리 겔만	기본 입자의 분류와 그 상호 작용에 관한 공헌 및 발견
1970	한네스 올로프 예스타 알벤	플라즈마 물리학의 다양한 부분에서 유익한 응용을 통해 자기유체역학의 기초 연구 및 발견
	루이 외젠 펠릭스 네엘	고체 물리학에서 중요한 응용을 이끈 반강자성 및 강자성에 관한 기초 연구 및 발견
1971	데니스 가보르	홀로그램 방법의 발명 및 개발
1972	존 바딘	일반적으로 BCS 이론이라고 하는 초전도 이론을 공동으로 개발한 공로
	리언 닐 쿠퍼	
	존 로버트 슈리퍼	

1973	에사키 레오나	반도체와 초전도체의 터널링 현상에 관한 실험적 발견
	이바르 예베르	
	브라이언 데이비드 조지프슨	터널 장벽을 통과하는 초전류 특성, 특히 일반적으로 조지프슨 효과로 알려진 현상에 대한 이론적 예측
1974	마틴 라일	전파 천체물리학의 선구적인 연구: 라일은 특히 개구 합성 기술의 관찰과 발명, 그리고 휴이시는 펄서 발견에 결정적인 역할을 함
	앤터니 휴이시	
1975	오게 닐스 보어	원자핵에서 집단 운동과 입자 운동 사이의 연관성 발견과 이 연관성에 기초한 원자핵 구조 이론 개발
	벤 로위 모텔손	
	제임스 레인워터	
1976	버턴 릭터	새로운 종류의 무거운 기본 입자 발견에 대한 선구적인 삭업
	새뮤얼 차오 충 팅	
1977	필립 워런 앤더슨	자기 및 무질서 시스템의 전자 구조에 대한 근본적인 이론적 조사
	네빌 프랜시스 모트	
	존 해즈브룩 밴블렉	
1978	표트르 레오니도비치 카피차	저온 물리학 분야의 기본 발명 및 발견
	아노 앨런 펜지어스	우주 마이크로파 배경 복사의 발견
	로버트 우드로 윌슨	
1979	셸던 리 글래쇼	특히 약한 중성 전류의 예측을 포함하여 기본 입자 사이의 통일된 약한 전자기 상호 작용 이론에 대한 공헌
	압두스 살람	
	스티븐 와인버그	
1980	제임스 왓슨 크로닌	중성 K 중간자의 붕괴에서 기본 대칭 원리 위반 발견
	밸 로그즈던 피치	
1981	니콜라스 블룸베르헌	레이저 분광기 개발에 기여
	아서 레너드 숄로	
	카이 만네 뵈리에 시그반	고해상도 전자 분광기 개발에 기여

1982	케네스 게디스 윌슨	상전이와 관련된 임계 현상에 대한 이론
1983	수브라마니안 찬드라세카르	별의 구조와 진화에 중요한 물리적 과정에 대한 이론적 연구
	윌리엄 앨프리드 파울러	우주의 화학 원소 형성에 중요한 핵반응에 대한 이론 및 실험적 연구
1984	카를로 루비아	약한 상호 작용의 커뮤니케이터인 필드 입자 W와 Z의 발견으로 이어진 대규모 프로젝트에 결정적인 기여
	시몬 판데르 메이르	
1985	클라우스 폰 클리칭	양자화된 홀 효과의 발견
1986	에른스트 루스카	전자 광학의 기초 작업과 최초의 전자 현미경 설계
	게르트 비니히	스캐닝 터널링 현미경 설계
	하인리히 로러	
1987	요하네스 게오르크 베드노르츠	세라믹 재료의 초전도성 발견에서 중요한 돌파구
	카를 알렉산더 뮐러	
1988	리언 레더먼	뉴트리노 빔 방법과 뮤온 중성미자 발견을 통한 경입자의 이중 구조 증명
	멜빈 슈워츠	
	잭 스타인버거	
1989	노먼 포스터 램지	분리된 진동 필드 방법의 발명과 수소 메이저 및 기타 원자시계에서의 사용
	한스 게오르크 데멜트	이온 트랩 기술 개발
	볼프강 파울	
1990	제롬 프리드먼	입자 물리학에서 쿼크 모델 개발에 매우 중요한 역할을 한 양성자 및 구속된 중성자에 대한 전자의 심층 비탄성 산란에 관한 선구적인 연구
	헨리 웨이 켄들	
	리처드 테일러	
1991	피에르질 드젠	간단한 시스템에서 질서 현상을 연구하기 위해 개발된 방법을 보다 복잡한 형태의 물질, 특히 액정과 고분자로 일반화할 수 있음을 발견

세상에서 가장 쉬운 과학 수업 **특수상대성이론**

1992	조르주 샤르파크	입자 탐지기, 특히 다중 와이어 비례 챔버의 발명 및 개발
1993	러셀 헐스	새로운 유형의 펄서 발견, 중력 연구의 새로운 가능성을 연 발견
	조지프 테일러	
1994	버트럼 브록하우스	중성자 분광기 개발
	클리퍼드 셜	중성자 회절 기술 개발
1995	마틴 펄	타우 렙톤의 발견
	프레더릭 라이너스	중성미자 검출
1996	데이비드 리	헬륨-3의 초유동성 발견
	더글러스 오셔로프	
	로버트 리처드슨	
1997	스티븐 추	레이저 광으로 원자를 냉각하고 가두는 방법 개발
	클로드 코엔타누지	
	윌리엄 필립스	
1998	로버트 로플린	부분적으로 전하를 띤 새로운 형태의 양자 유체 발견
	호르스트 슈퇴르머	
	대니얼 추이	
1999	헤라르뒤스 엇호프트	물리학에서 전기약력 상호작용의 양자 구조 규명
	마르티뉘스 펠트만	
2000	조레스 알표로프	정보 통신 기술에 대한 기초 작업(고속 및 광전자 공학에 사용되는 반도체 이종 구조 개발)
	허버트 크로머	
	잭 킬비	정보 통신 기술에 대한 기초 작업(집적 회로 발명에 기여)
2001	에릭 코넬	알칼리 원자의 희석 가스에서 보스-아인슈타인 응축 달성 및 응축 특성에 대한 초기 기초 연구
	칼 위먼	
	볼프강 케테를레	

2002	레이먼드 데이비스	천체물리학, 특히 우주 중성미자 검출에 대한 선구적인 공헌
	고시바 마사토시	
	리카르도 자코니	우주 X선 소스의 발견으로 이어진 천체 물리학에 대한 선구적인 공헌
2003	알렉세이 아브리코소프	초전도체 및 초유체 이론에 대한 선구적인 공헌
	비탈리 긴즈부르크	
	앤서니 레깃	
2004	데이비드 그로스	강한 상호작용 이론에서 점근적 자유의 발견
	데이비드 폴리처	
	프랭크 윌첵	
2005	로이 글라우버	광학 일관성의 양자 이론에 기여
	존 홀	광 주파수 콤 기술을 포함한 레이저 기반 정밀 분광기 개발에 기여
	테오도어 헨슈	
2006	존 매더	우주 마이크로파 배경 복사의 흑체 형태와 이방성 발견
	조지 스무트	
2007	알베르 페르	자이언트 자기 저항의 발견
	페터 그륀베르크	
2008	난부 요이치로	아원자 물리학에서 자발적인 대칭 깨짐 메커니즘 발견
	고바야시 마코토	자연계에 적어도 세 종류의 쿼크가 존재함을 예측하는 깨진 대칭의 기원 발견
	마스카와 도시히데	
2009	찰스 가오	광 통신을 위한 섬유의 빛 전송에 관한 획기적인 업적
	윌러드 보일	영상 반도체 회로(CCD 센서)의 발명
	조지 엘우드 스미스	
2010	안드레 가임	2차원 물질 그래핀에 관한 획기적인 실험
	콘스탄틴 노보셀로프	

2011	솔 펄머터	원거리 초신성 관측을 통한 우주 가속 팽창 발견
	브라이언 슈밋	
	애덤 리스	
2012	세르주 아로슈	개별 양자 시스템의 측정 및 조작을 가능하게 하는 획기적인 실험 방법
	데이비드 와인랜드	
2013	프랑수아 앙글레르	아원자 입자의 질량 기원에 대한 이해에 기여하고 최근 CERN의 대형 하드론 충돌기에서 ATLAS 및 CMS 실험을 통해 예측된 기본 입자의 발견을 통해 확인된 메커니즘의 이론적 발견
	피터 힉스	
2014	아카사키 이사무	밝고 에너지 절약형 백색 광원을 가능하게 한 효율적인 청색 발광 다이오드의 발명
	아마노 히로시	
	나카무라 슈지	
2015	가지타 다카아키	중성미자가 질량을 가지고 있음을 보여주는 중성미자 진동 발견
	아서 맥도널드	
2016	데이비드 사울레스	위상학적 상전이와 물질의 위상학적 위상에 대한 이론적 발견
	덩컨 홀데인	
	마이클 코스털리츠	
2017	라이너 바이스	LIGO 탐지기와 중력파 관찰에 결정적인 기여
	킵 손	
	배리 배리시	
2018	아서 애슈킨	레이저 물리학 분야의 획기적인 발명(광학 핀셋과 생물학적 시스템에 대한 응용)
	제라르 무루	레이저 물리학 분야의 획기적인 발명(고강도 초단파 광 펄스 생성 방법)
	도나 스트리클런드	
2019	제임스 피블스	우주의 진화와 우주에서 지구의 위치에 대한 이해에 기여(물리 우주론의 이론적 발견)
	미셸 마요르	우주의 진화와 우주에서 지구의 위치에 대한 이해에 기여(태양형 항성 주위를 공전하는 외계 행성 발견)
	디디에 쿠엘로	

2020	로저 펜로즈	블랙홀 형성이 일반 상대성 이론의 확고한 예측이라는 발견
	라인하르트 겐첼	우리 은하의 중심에 있는 초거대 밀도 물체 발견
	앤드리아 게즈	
2021	마나베 슈쿠로	복잡한 시스템에 대한 이해에 획기적인 기여(지구 기후의 물리적 모델링, 가변성을 정량화하고 지구 온난화를 안정적으로 예측)
	클라우스 하셀만	
	조르조 파리시	복잡한 시스템에 대한 이해에 획기적인 기여 (원자에서 행성 규모에 이르는 물리적 시스템의 무질서와 요동의 상호작용 발견)
2022	알랭 아스페	얽힌 광자를 사용한 실험, 벨 불평등 위반 규명 및 양자 정보 과학 개척
	존 클라우저	
	안톤 차일링거